无人机
摄影与摄像场景实战

人像、街景、建筑、公园、江景、桥梁、日出晚霞、夜景车轨

Captain（朱松华） 编著

化学工业出版社

·北京·

内 容 简 介

Captain是中国航空运动协会ASFC持证飞手、大疆天空之城认证摄影师、影像村联合创始人，他在大疆社区发表了200多个主题航拍帖，被许多飞友亲切地称为"机长"，同时因为制作的航拍镜头语言解说清晰易懂，作为优秀官方教程长期被推荐在大疆论坛首页，是一位资深航拍摄影师。

本书通过【高手速成篇】+【专题摄影篇】+【后期制作篇】3篇内容，从拍摄模式、专题航拍到后期制作，循序渐进地介绍了一键短片、延时摄影、航点飞行和变焦模式等拍摄技巧，以及人像、建筑、公园和夜景等专题航拍技巧，并对手机醒图修图、手机剪映剪辑视频、Photoshop修图和Premiere剪辑视频等内容，都做了全面、详细的讲解。

本书还附赠了130多个教学视频、140多个素材和效果文件，以及180多页PPT课件，帮助大家有素材可操练、有效果可对比、有视频可跟学。

本书适合：一是由爱好玩无人机转向学摄影的人；二是由爱好摄影转向玩无人机航拍的人；三是因为工作需要，想深入学习航拍照片和视频技巧的记者、摄影师等人。本书还可作为无人机航空摄影类课程的教材，或者学习辅导用书。

图书在版编目（CIP）数据

无人机摄影与摄像场景实战：人像、街景、建筑、公园、江景、桥梁、日出晚霞、夜景车轨 / 朱松华编著 . —北京：化学工业出版社，2024.6

ISBN 978-7-122-45423-2

Ⅰ .①无… Ⅱ .①朱… Ⅲ .①无人驾驶飞机 – 航空摄影 Ⅳ .① TB869

中国国家版本馆 CIP 数据核字（2024）第 072728 号

责任编辑：吴思璇　李　辰　　　　　　　　　封面设计：王晓宇
责任校对：杜杏然　　　　　　　　　　　　　装帧设计：盟诺文化

出版发行：化学工业出版社（北京市东城区青年湖南街13号　邮政编码100011）
印　　装：北京瑞禾彩色印刷有限公司
787mm×1092mm　1/16　印张16¼　字数382千字　2024年10月北京第1版第1次印刷

购书咨询：010-64518888　　　　　　　　　　售后服务：010-64518899
网　　址：http://www.cip.com.cn
凡购买本书，如有缺损质量问题，本社销售中心负责调换。

定　　价：118.00元

共 同 提 高

一、我是谁

我英文名叫 Captain，因为爱好无人机飞行与航拍，特别是在网上分享了大量的无人机飞行及航拍教程，故大家送了我一个"机长"的昵称，我也就顺势推出了"Captain 带你飞"视频频道，也广受大家喜爱，在此也借出版这本书的宝贵机会，感谢大家的支持。

二、我是做什么的

我是一名建筑师，也是一名航拍摄影师，酷爱城市摄影和航拍。曾获得 2019 中国无人机航拍影像大赛一等奖和 2020 中国无人机航拍影像大赛最佳纪录短片奖，也获得过大疆天空之城一键短片视频大赛最佳创意奖，还曾担任中国无人机影像大赛多届点评专家。

我曾多次受到"大疆旗舰店""无人机世界""POCO 摄影"等平台邀请做线下航拍主题讲座和教学，做过的主题分享有：《与 Captain 学拍城市短片》《换个角度看世界》《航拍新境界，延时更出彩》《春夏秋冬——四季新天地》《机长带你看全航拍镜头语言》《无人机安全飞行，享受快乐》等，受到广大飞友的大力支持和赞赏。

2017 年，我和几位摄影大佬共同创立了"影像村"互联网新锐摄影品牌，目前共聚集了 600 多位优秀的摄影师，有航拍摄影师、延时摄影师和星空摄影师等。

2018 年，成立自己的 C+P Studio 工作室，与多家知名建筑地产公司、外资设计公司有摄影合作。曾参与《大上海》《让我听懂你的语言》等纪录片、连续剧和宣传片的影视航拍。

三、我为啥要写这本书

我已经出版过两本航拍书籍，主要是在学习上给大家一个指引，如《无人机摄影与摄像：人像、汽车、夜景、全景、直播、电影航拍全攻略》。

但在和广大飞友交流的过程中，我发现很多飞友对于无人机的实操还是很困难，希望有一本书籍配套教程，以实操视频为基础，一步一步指导大家拍摄。

9 年的航拍生涯奠定了我扎实的基础，更累积了丰富的无人机飞行经验。为此，我总结了 9 年来航拍的所有经验和技巧，以不同的拍摄题材录制实操画面，汇集成这本书，希望给广大飞友一个参考，帮助大家共同提高。

本书最大的特色就是全视频教学，我经常亲自飞行无人机进行实拍录屏，如果时间紧就安排伙伴帮助录屏或配音，目的只有一个，以全实战的方式，并匹配全视频教学，帮助大家轻松、高效地学习。

四、看了这本书有何帮助

这是一本无人机飞行 + 专题航拍 + 后期制作的自学教程，本书共分为 24 个专题，主要通过"入门飞行、拍摄模式、专题航拍、后期制作"这 4 条线，帮助读者快速成为无人机航拍摄影与摄像高手！

➤ 一条是入门飞行线，详细介绍了飞行最常用的 10 个设置、最容易炸机的 10 种情况，以及掌握起飞与降落的 7 种方法等内容，帮助读者掌握无人机飞行的基础内容，防止炸机。

➤ 一条是拍摄模式线，详细介绍了拍照模式、录像模式、大师镜头、一键短片、延时摄影、全景模式、航点飞行、变焦模式及焦点跟随等内容，帮助读者快速掌握 DJI Fly App 的拍摄模式，掌握更多的飞行和航拍技巧。

➤ 一条是专题航拍线，详细介绍了人像航拍、街景航拍、建筑航拍、公园航拍、江景航拍、桥梁航拍、日出晚霞航拍、夜景车轨航拍等内容，帮助读者快速掌握各种主题的航拍技巧，帮助读者在实战中掌握航拍技能。

➤ 一条是后期制作线，详细介绍了在醒图中处理航拍照片、在剪映中处理航拍视频、使用 Photoshop 精修照片和使用 Premiere 剪辑视频等内容，不仅让读者学会拍摄，还能进行后期处理，让航拍作品更加精彩！

温馨提示：在编写本书时，是基于当前软件版本截取的实际操作图片（醒图 App 版本 7.9.1、剪映 App 版本 10.8.1、DJI Fly App 版本 1.10.0、Photoshop 版本 2022.23.3.2、Premiere 版本 2023.23.0.0），但书从编辑到出版需要一段时间，在这段时间里，软件界面与功能会有调整与变化，比如有的内容删除了，有的内容增加了，这是软件开发商做的更新，很正常，请在阅读时，根据书中的思路，举一反三，进行学习即可，不必拘泥于细微的变化。

本书提供了书中对应的同步教学视频，扫描书中二维码即可观看；额外赠送了视频、素材、效果文件，下载方式请见封底说明。

五、由衷感谢

第一，感谢广大飞友对我的支持，当您看到这里也就代表您购买了本书，您的支持就是我分享航拍经验最大的动力。

第二，感谢龙飞主编和邓陆英编辑共同策划并完成了这本无人机教程，力争让这本书更加圆满。

第三，感谢家人的无私支持，这本书的写作和修改时间基本上都是在夜间，因为白天要忙工作主业，晚上夜深人静挑灯伏案，全靠家人的理解和帮助，这本书才能面市。

这是一本小白晋级之路的实操书籍，本书讲解深入浅出，通俗易懂，书中内容和大家看到的无人机画面一模一样，配套的视频更是直截了当，分享了我们当时的航拍实拍画面和创作思路，希望大家喜欢。最后，本书难免有不足之处，欢迎沟通、指正，我的微信是：zhusonghua，也可在 B 站与抖音搜索机长 Captain 带你飞，与我联系。

Captain（机长）
写于上海

大咖推荐序

普通人学习无人机相关经验最难的就是从 0 到 1，在这个过程中需要大量的时间去反复摸索。建议看看这本书，它提供了特别适合新手想要进阶成为航拍师需要了解的一些要点，结合附赠的教学视频和材料，学习更加高效！

李子韬 David Lee 航拍导演、悟影传媒创始人、世界无人机大会中国十佳航拍摄影师

从我 2014 年开始使用无人机创作之时，就认识了 Captain。这么多年过去了，我们依旧痴迷于使用无人机来记录难忘的瞬间和创作优秀的影像作品，但有所不同的是，Captain 多年以来还擅长无人机技术操作和航拍影像方面的教学，可以说从理论到实践，既能教飞，又能教拍。相信这本书不仅可以解决你对无人机操作和航拍摄影的诸多疑惑，还能助你成为像 Captain 那样优秀成熟的无人机 Captain。

在远方的阿伦 旅行纪录片导演、《围城随笔》系列旅行纪录片作者、2021 年天空之城全球创意短视频大赛评委、"在远方"自媒体创始人

Captain 机长是很多航拍摄影师的启蒙老师，他这次编写的《无人机摄影与摄像场景实战：人像、街景、建筑、公园、江景、桥梁、日出晚霞、夜景车轨》用自己的航拍实操录屏进行细致讲解，由浅入深，全面讲解了无人机的各种操作方法和航拍技巧，同时对摄影后期和视频剪辑制作也做了介绍，值得航拍新飞手学习！

安久 中国天文摄影师、星空摄影师，代表作有《IC1805 心状星云》

非常推荐机长新书《无人机摄影与摄像场景实战：人像、街景、建筑、公园、江景、桥梁、日出晚霞、夜景车轨》，其中包括 100 多个视频教学，以及大量练习剪辑的素材。针对每个不同场景比如建筑、人物等都有单独的教学内容，适合新手和想提升航拍技术的飞友学习。

冷俊 ASFC 中级技术委任代表及资深的航拍师，自 2015 年开始在上海进行首批 ASFC 飞行执照培训，拥有 2000 多人丰富的教培经验及千余部航拍项目经验

在航拍设备门槛越来越低的今天，摄影人几乎人手一套无人机，买无人机容易，飞起来也很容易，但是想拍好一部航拍作品，却没那么简单。这本书汇集了从前期拍摄到后期视频剪辑等全流程讲解，是能让航拍摄影爱好者们快速学习进步的一本重要书籍。

梁韦斌 影像村创始人、8KRAW Premier 摄影师，长期为大型宣传片和电影电视剧拍摄延时空镜头

早就在大疆论坛认识了机长，很多航拍干货教程给了我们很多启发。非常佩服机长居然只是在业余时间进行分享，他对航拍的热情也感染了我们航拍摄影人。这次的实操书籍是机长多年来航拍心得的汇总，如同手把手教的录屏实操一定会让大家快速入门航拍，成为高手。

李政霖 世界无人机大会中国十佳航拍摄影师、XSFAN STUDIO 创始人，以及 TVC 广告、纪录片、宣传片和直播导演

目　录

【高手速成篇】

【专题摄影篇】

【后期制作篇】

第 1 章　入门必学：飞行最常用的 10 个设置

　　为了安全地飞行无人机和拍出理想大片，用户在飞行无人机之前，需要对无人机进行相应的设置，比如开启避障功能、设置照片和视频的比例与格式等，这样才能确保无人机的飞行安全和航拍作品的质量。本章以大疆 Mavic 3 Pro 为主，向大家介绍如何在 DJI Fly App 中设置相应的参数。

001 认识相机界面

认识 DJI Fly App 相机界面中各按钮和图标的功能，可以帮助我们更好地掌握无人机的飞行技巧。开启 RC 遥控器的电源，连接飞行器，在 DJI Fly App 主页中，点击GO FLY 按钮，即可进入 DJI Fly App 相机界面，如图 1-1 所示。

图 1-1 DJI Fly App 相机界面

下面详细介绍 DJI Fly App 相机界面中各按钮／图标的含义及功能。

❶ 返回按钮：点击该按钮，可返回 DJI Fly App 的主页。

❷ 飞行挡位：当前的飞行挡位是"普通挡"，在 RC 遥控器上可切换挡位至"平稳挡"或"运动挡"。

❸ 飞行器状态指示栏：显示飞行器的飞行状态及各种警示信息。当前显示"谨慎飞行（高海拔）"，说明飞行环境处于高海拔地区。

❹ 航点飞行按钮：点击该按钮，可开启／退出航点飞行模式。

❺ 智能飞行电池信息栏：显示当前智能飞行电池电量百分比及剩余可飞行时间，点击可查看更多电池信息。

❻ 图传信号强度：显示当前飞行器与遥控器之间的图传信号强度，点击该图标，可查看强度。

❼ 视觉系统状态：图标左边部分表示水平全向视觉系统状态，右边部分表示上、下视觉系统状态；图标白色表示视觉系统工作正常，红色表示视觉系统关闭或工作异常，此时无法躲避障碍物。

❽ GNSS 状态：显示 GNSS 信号强弱，点击该图标，可查看具体 GPS 信号的

强度和星数。当图标显示为白色时，表示 GNSS 信号良好，可刷新返航点；显示为红色则需要谨慎飞行。

❾ 系统设置按钮██：包括安全、操控、拍摄、图传和关于。

❿ 拍摄模式按钮██：点击该按钮，可以设置具体的拍摄模式。

⓫ 变焦条██：有1倍、3倍、7倍可选，在探索模式下，可支持28倍变焦。

⓬ 拍摄按钮██：点击该按钮，可触发相机拍照或开始/停止录像。

⓭ 对焦按钮██：点击该按钮，可切换对焦方式（有 AF/MF），长按该按钮可调出对焦条。

⓮ 回放按钮██：点击该按钮，可查看已拍摄的视频及照片。

⓯ 相机挡位切换按钮██：在拍照模式下，支持切换 AUTO 挡和 PRO 挡，不同挡位下可设置的参数不同。

⓰ 曝光值██：数字为0，代表机内测光曝光正常；负值代表画面暗；正值越大就代表画面越亮。

⓱ 拍摄参数██：显示当前的拍摄参数，点击该图标，可设置照片格式或者视频的分辨率和帧率参数。

⓲ 存储信息栏██：显示当前 SD 卡及机身的存储容量，点击该图标，可展开详情。

⓳ 飞行状态参数██：显示飞行器与返航点水平方向的距离（D）和速度，以及飞行器与返航点垂直方向的距离（H）和速度。

⓴ 地图██：点击可打开地图面板，或者切换至姿态球。姿态球支持切换以飞行器为中心/以遥控器为中心，会显示飞行器的机头朝向、倾斜角度，遥控器、返航点位置等信息。

㉑ 自动起飞/降落/智能返航按钮██：显示自动起飞/降落时，点击该按钮，可展开控制面板，长按可以使飞行器自动起飞或降落；显示智能返航时，点击该按钮，可展开控制面板，长按可以让飞行器自动返航降落并关闭电机。

★ 特别提示 ★

在相机界面中，除了点击相应的按钮或者图标进行操作，还可以对画面进行快捷操作，下面介绍3种常用的画面快捷操作方法。

① 在飞行过程中，连续点击画面上的兴趣点两次，飞行器会自动转动云台相机，将该点置于画面中心；

② 在相机界面中长按屏幕，可以调出云台角度控制条，之后在屏幕上下左右拖曳，可以控制云台的俯仰或平移角度；

③ 点击屏幕可触发点对焦/点测光，在不同的拍摄模式、对焦模式、曝光模式和测光模式下，点击屏幕将触发不同的对焦/测光显示情况。

002　开启避障功能

在 DJI Fly App 中的系统设置中有 5 个界面，在其中我们可以进行相应的设置，辅助我们的飞行。在 DJI Fly App 相机界面中点击系统设置按钮██进入的第一个界面，就是"安全"设置界面。

在其中我们可以开启无人机的避障功能，让无人机在识别出周围的障碍物时，就会有相应的显示，提示障碍物的位置和距离。具体操作方法如下。

进入"安全"设置界面，❶ 设置"避障行为"为"刹停"选项，在打杆飞行过程中，会打开水平全向视觉系统；❷ 开启"显示雷达图"功能，如图 1-2 所示，相机界面将显示实时障碍物检测雷达图。

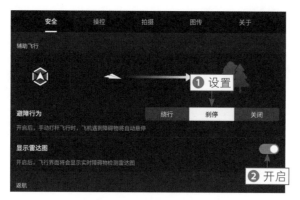

图 1-2　开启"显示雷达图"功能

003　设置拍摄辅助线

为了让画面构图更加均衡，可以在设置界面中设置拍摄辅助线。在"拍摄"设置界面中，点击"辅助线"右侧的██、██和██按钮，就可以打开交叉对称线、九宫格线和中心点辅助线，让飞手在拍摄构图中，更加得心应手，如图 1-3 所示。

图 1-3　打开交叉对称线、九宫格线和中心点辅助线

004　打开地图和姿态球

在 DJI Fly App 相机界面中，点击左下角的地图图标，就可以打开地图，如图 1-4 所示，在其中我们可以看到飞行器的朝向、位置和周围的环境。

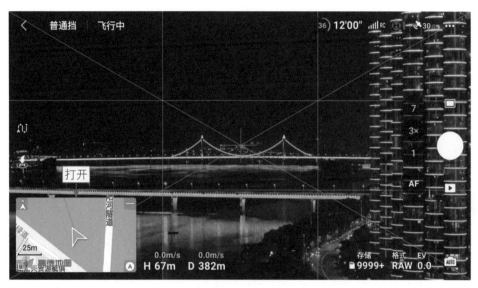

图 1-4　打开地图

在地图中点击右下角的按钮，就可以打开姿态球，如图 1-5 所示。从姿态球中我们可以判断飞行器的机头朝向、倾斜角度，遥控器和返航点的位置，当前的飞行器是在返航点的上空，在遥控器的前方，飞行器朝向北面，位置水平，说明没有大风。

图 1-5　打开姿态球

在姿态球中点击右下角的按钮，又可以切换到地图中。

005 设置最大飞行高度

在城市中飞行无人机，部分区域是有限飞区的，为了飞行安全，可以设置最大飞行高度，这样就能弹出相应的提示。具体操作方法如下。

进入"安全"设置界面，在限高区，设置"最大高度"为 120m，在非限高区，可以设置"最大高度"为 500m，如图 1-6 所示。

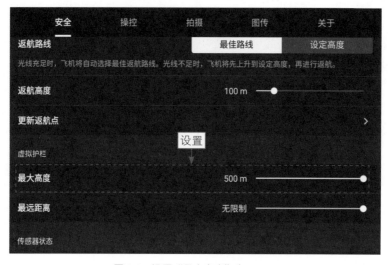

图 1-6　设置"最大高度"为 500m

当无人机飞行高度超过 120m 的时候，相机界面中会弹出相应的提示，需要用户注意飞行高度，如图 1-7 所示，如果无人机可以继续升高，说明这里不处于限高区。

图 1-7　相机界面中会弹出相应的提示

006 设置拍摄模式

DJI Fly App 提供了 6 种拍摄模式，这些模式可以满足我们日常的拍摄需求，了解拍摄模式，也是学习无人机航拍的基础。下面介绍进入不同拍摄模式的方法。

步骤01 在 DJI Fly App 的相机界面中，点击右侧的拍摄模式按钮□，弹出相应的面板，默认选择"录像"模式，如图1-8 所示。

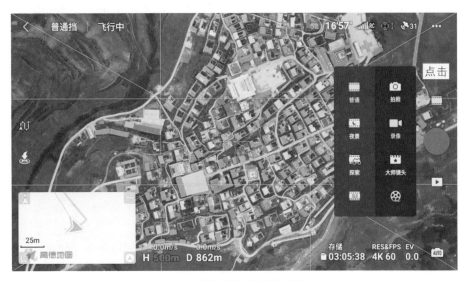

图 1-8　默认选择"录像"模式

步骤02 在面板中向上滑动屏幕，可以选择"全景"拍摄模式，如图1-9 所示。在DJI Fly App 中，一共有"拍照""录像""大师镜头""一键短片""延时摄影""全景"6 种拍摄模式，用户可以根据需求，选择不同的拍摄模式进行航拍。

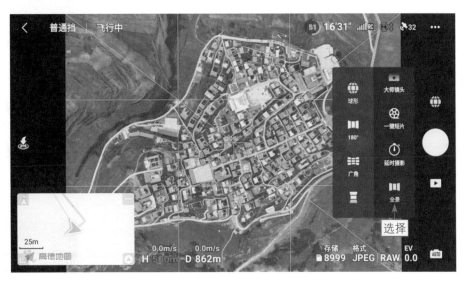

图 1-9　选择"全景"拍摄模式

007 设置照片的格式与比例

在 DJI Fly App 的"拍摄"设置界面中，❶ 可以设置 3 种照片格式，第一种是 JPEG 格式，第二种是 RAW 格式，第三种是 JPEG+RAW 双格式；❷ 还可以设置两种照片比例，第一种是 16∶9 的尺寸，另一种是 4∶3 的尺寸，如图 1-10 所示。

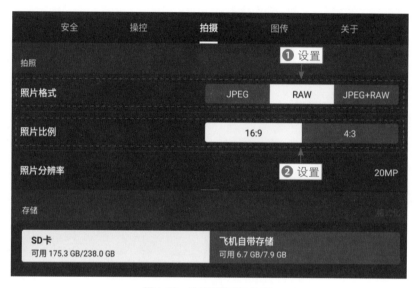

图 1-10 设置两种照片比例

JPEG 格式是日常最常见的照片处理格式，是拍摄后进行简单处理得到的图像，虽然丢失了一点细节，但是不怎么占用内存；RAW 格式则保留了传感器的原始信息，在后期能够提供更多的处理空间。所以，对于有画质要求的用户，最好选择以 RAW 格式存储照片。

照片的比例不同，画面中纳入的内容也会改变。图 1-11 所示分别为 16∶9 和 4∶3 的航拍照片，可以看到二者所呈现的视觉感受有所差异。

图 1-11 16∶9 和 4∶3 的航拍照片

008 设置视频的格式与色彩

在 DJI Fly App 中进入"录像"模式，在"拍摄"设置界面中，❶ 可以设置两种视频格式，第一种是 MP4 格式，第二种是 MOV 格式；❷ 还可以设置视频的色彩模式，一共有 4 种可选，分别是"普通"、HLG、D-Log 和 D-Log M，如图 1-12 所示。

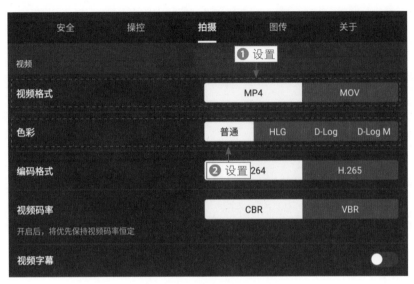

图 1-12　设置视频的色彩模式

在选择视频格式的时候，MP4 格式的视频是比较适合用来发布的，MOV 格式的视频则适合用于后期处理。MP4 格式的视频通用性强，适合 PC 系统；MOV 格式是苹果公司开发的，较适合苹果 Mac 系统。

视频色彩一般推荐用户使用"普通"或者采样为 10bit 的 D-Log 模式，前者适合新手用户，后者适合对后期要求比较高的用户。采样为 10bit 的 D-log 模式有点类似于图片的 RAW 格式，能够在高对比度环境下还原亮部和暗部细节，记录足够的动态范围，给后期制作留下足够的调色空间。

相较于"普通"模式下的色彩，HLG 模式在后期处理上会有更大的发挥空间，同时也不像 D-log 有着烦琐的后期调色工作流程。HLG 模式适合用于大光比环境，同时不需要专业的后期调色工作流程。

所以，用户可以根据自己的需求，设置视频的格式和色彩模式，其他参数保持默认选项即可。

009 设置拍摄挡位

在大疆 Mavic 3 Pro 中，拍摄挡位有 AUTO 挡和 PRO 挡，也就是自动挡

扫码看教学视频

和手动挡。下面为大家介绍如何设置拍摄挡位。

步骤01 在 DJI Fly App 相机界面中，点击右下角的 AUTO 按钮，如图 1-13 所示。

图 1-13　点击右下角的 AUTO 按钮

步骤02 即可切换至 PRO 挡，如图 1-14 所示，在 PRO 挡位下，参数全部自动设置或个别参数自动设置，可以手动设置 ISO（感光度）、快门和光圈等参数。拍摄照片可以选择固定的 ISO 以控制噪点，采用自动快门和光圈灵活拍摄。

图 1-14　切换至 PRO 挡

010 设置白平衡

扫码看教学视频

白平衡，字面意思就是白色的平衡。白平衡是描述显示器中红、绿、蓝三基色混合后生成白色的精确度的一项指标，通过设置白平衡可以解决画面色彩和色调处理的一系列问题。

在无人机的"拍摄"设置界面中，用户可以通过设置画面的白平衡参数，使画面达到不同的色调效果。下面主要向读者介绍设置视频白平衡的操作方法。

步骤01 进入 DJI Fly App 相机界面，点击系统设置按钮■■■，❶ 点击"拍摄"按钮，进入"拍摄"设置界面；❷ 把"白平衡"设置为"手动"模式；❸ 拖曳滑块，把参数设置为最小值 2000K，如图 1-15 所示，画面就会变成深蓝色。

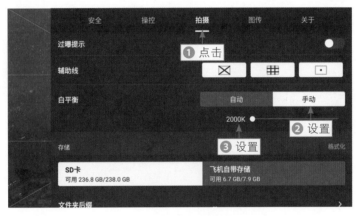

图 1-15　把参数设置为最小值 2000K

★ 特别提示 ★

把"白平衡"参数设置为最大值 10000K，画面色调则会变成橙红色。

步骤02 在"拍摄"设置界面把"白平衡"设置为"自动"模式，如图 1-16 所示，无人机会根据当时环境的画面亮度和颜色自动设置白平衡的参数。

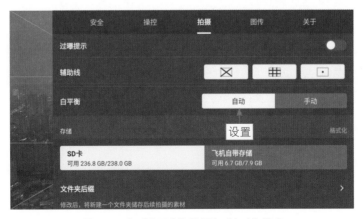

图 1-16　把"白平衡"设置为"自动"模式

11

第 2 章　小心炸机：最容易炸机的 10 种情况

　　飞行在一定程度上存在着风险，虽然部分大疆无人机有全向避障系统，但是操作不当的话，还是有可能炸机。毕竟无人机都是价值好几千或上万的，炸机的经济损失非常大。本章将带领大家学习最容易炸机的 10 种情况，帮助飞手们提前规避风险，保证飞行安全。

011 排行榜1：电量不足炸机

很多新手在刚开始飞无人机的时候，都会有一个错觉，就是明明感觉没飞多久就没电了，这是因为自己没有规划好时间和电量导致的结果。当电量低于20%的时候，飞行界面会提示用户"飞机电量低，请尽快返航"，如图2-1所示。如果无人机飞得太远又快没电了，就会因为返航时电量不足，强制原地下降。

图2-1 提示"飞机电量低，请尽快返航"

用户在飞行无人机的时候，当剩余电量仅够返航时，就应该让无人机返航了，千万不能存在侥幸心理。等电量过低的时候再返航，用户也会很容易紧张，操作不当的话，非常容易引起炸机。当无人机电量非常低时，就会强制降落，所以用户一定要时刻注意电量的情况。

012 排行榜2：对飞行环境评估不足

如果无人机的飞行环境不理想，信号干扰强烈，无人机很容易炸机。在飞行前，我们需要评估飞行环境，提前规避，降低损失。

1. 夜间飞行有风险

夜间飞行无人机，由于光线不足，会导致无人机的视觉系统和避障功能失效，用户只能通过图传画面来判断四周的环境，这个时候用户可以打开"前机臂灯"，如图2-2所示，使无人机的前机臂灯能在黑暗的天空中闪烁，这样可以方便用户在夜间找到无人机，并远距离知道无人机是否朝向用户。

但是如果没有对飞行地点进行踩点，在夜晚飞行时，也会影响判断。尤其是当天空有电线等肉眼看不到的障碍物时，这时的夜间飞行环境就非常危险了。

图 2-2　打开"前机臂灯"

2. 水面干扰气压计

当我们使无人机贴着水面飞行的时候，无人机的气压计会受到干扰，无法精确定位无人机的飞行高度。因此当无人机在水面上飞行的时候，经常会出现掉高现象，无人机会越飞越低，如果不控制无人机到一定的高度，一不小心无人机就会飞到水里面去了，如图 2-3 所示。

图 2-3　无人机会飞到水里

3. 人群密集的地方

如果你是航拍新手，尽量不要在有人的地方飞行，如图 2-4 所示，以免造成第三者损失。若飞手过于紧张，双手控制摇杆方向的时候就容易出错，这也是为什么很多新手司机上路会把刹车当油门了。如果你是新手，在练习飞行技术的时候，一定要找一大片空旷的地方练习，等自己的飞行技术达到一定的水平了，再挑战复杂一点的航拍环境。

现在大疆 Mavic 3 Pro 无人机有了变焦功能，用户可以用 3 倍或者 7 倍焦段远距离航拍人群，这样就能避免无人机飞到人群密集的地方。

图2-4 有人的地方

4. CBD高楼干扰信号

无人机在中央商务区（Central Business District，CBD）高楼间飞行，玻璃幕墙很容易影响无人机的接收信号，如图2-5所示。

当无人机在室外飞行的时候，是依靠GPS定位的，一旦信号不稳定，无人机在空中就会失控。特别是当无人机穿梭在楼宇间时，飞手有时候是看不到无人机的，只能通过图传屏幕看到无人机前方的情况，上下左右都没法看到，这个时候如果无人机的左侧有玻璃幕墙，而飞手在不知道的情况下直接将无人机向左横移，那么无人机就会直接撞上玻璃幕墙，导致炸机。

图2-5 CBD高楼

5. 大风、大雨、大雪、雷电天气

如果室外的风速达5级以上，那就是大风，陆地上的小草和树木会摇摆，这个时候如果飞行无人机，就很容易被风吹走。当无人机不受遥控器的控制时，就会被风吹跑，非常容易炸机。大雨、大雪、雷电、有雾的天气，也不能飞行无人机。大雨、大雪容易把无人机淋湿；雷电天气容易炸机；有雾的天气会阻碍视线，而且拍摄出来的片子

也没那么清晰、好看。

在大风中飞行，如果风速过大，屏幕中会有强风警告提示信息，如图 2-6 所示，提示用户需要返航无人机。如果大家一定要在大风中飞行，拍摄一些特殊的画面，那么建议在 DJI Fly App 相机界面中点击左下角地图框中右下角的 ⚲ 按钮，打开姿态球。大风的时候一定要密切监视无人机的姿态，当姿态球倾斜达到极限时，一定要尽量返航或悬停，避免炸机。

图 2-6　屏幕中会有强风警告提示信息

6. 铁栏杆、信号塔、高大建筑物、高压线附近

若无人机起飞的四周有铁栏杆、信号塔或者高大建筑物的话，会对无人机的信号和指南针造成干扰。有高压线的地方，也不适合飞行，如图 2-7 所示。

图 2-7　有高压线的环境

高压电线对无人机产生的电磁干扰非常严重，而且离电线的距离越近，信号干扰就越大，所以我们在拍摄的时候，尽量不要到有高压线的地方去飞行。如果在异常的情况下起飞，对无人机的安全有很大的影响。

013 排行榜3：信号原因炸机

当相机飞行画面中提示 GPS 信号弱或者无 GPS 信号时，如图 2-8 所示，那么就是当时的飞行环境对信号是有干扰的。当无 GPS 信号时，用户可以进行遥控操作，若不操作的话，无人机有可能随风飘。

图 2-8 无 GPS 信号

对无人机来说，没有 GPS 信号是非常危险的。如果是在晚上，且无人机避障功能也失效的情况下，那么无人机离炸机就不远了。

014 排行榜4：起飞与降落操作失误

在起飞与降落无人机时，如果操作失误，那么炸机的概率也是非常大的。

在起飞时，若无人机的摆放方向不对，用户的打杆可能就是反向操作；当无人机起飞的位置不平整时，无人机可能倾斜，从而造成螺旋桨变形、断裂。

在降落时，如果降落的地面凹凸不平，如图 2-9 所示，也会造成无人机侧翻，损坏螺旋桨或者电机；当无人机降落时，如果用户不注意周边环境，会导致无人机撞到障碍物或者路人，后果也会非常严重。

图 2-9 降落的地面凹凸不平

015 排行榜 5：无人机起飞准备不充分

在起飞无人机的时候，用户需要提前检查无人机的状态。如果飞行器上的螺旋桨在安装时没有拧紧，那么飞行器在飞行的过程中很容易因为机身无法平衡而炸机。

用户还需要检查以下两个方面，来保证无人机起飞时是准备充足的。

1. 硬件检查

① 飞行器机身与云台相机是否有损坏、划痕，螺丝、卡扣是否松动等。

② 电机启动时是否有异响，排气口是否堵塞。

③ 螺旋桨是否损坏，型号是否正确，数量是否足够。

④ 电池是否损坏或异常，电量是否足够，数量是否足够。

⑤ 遥控器或手机的电量是否充足，USB-C 连接线是否正常。

⑥ 是否安装存储卡，存储卡内存是否足够。

⑦ 充电器、充电管家是否损坏，能否正常使用。

⑧ 电池电量和温度是否有问题。

2. 软件检查

① 检查 DJI Fly App 界面中的状态栏是否有错误提示和警报信息。

② 是否需要模块自检和固件升级。

③ 飞行挡位、飞行模式是否正确（运动挡没有避障功能）。

④ 指南针是否存在异常（如果存在异常，就需要校准）。

⑤ 摇杆模式是否适合（有"美国手""日本手"等区别，尤其是使用他人的无人机时）。

⑥ 图传质量是否良好（如果不好，就暂时不要飞行）。

016 排行榜 6：飞行操作不当炸机

用户操作不当也是非常容易引起炸机的，下面为大家介绍 5 个非常容易炸机的坏习惯，希望大家可以引以为戒。

① 无视电池鼓包。当无人机在高温环境飞行或者用户在高温环境为无人机电池充电时，那么电池有可能出现鼓包。如果用户继续使用鼓包的电池飞行无人机，那么很可能发生无人机起火爆炸的事故，或者无人机在飞行中，电池弹出来了，导致空中停机的风险。

② 在阳台起飞无人机。在高楼的阳台起飞无人机，这是非常危险的操作。因为室内是没有 GPS 信号的，无人机处于视觉定位模式，如果没有控制好遥控器，那么无人机会"飘飞"，从而导致炸机。

③ 丢失图传信号。当空中的无人机飞到用户的背面或者两侧时，如果用户不调整遥控器的朝向，那么信号会变弱，当无人机飞到建筑物后面时，信号完全被遮挡，就会丢失遥控和图传信号，相机飞行画面也会变成黑白色。如果无人机在断信号之后，返航时撞到了高楼、大树等障碍物，就会引起炸机。正确和错误调整遥控器天线的姿势如图 2-10 所示，当遥控器顶部正对飞行器时，遥控器与飞行器之间的信号质量是最佳的。

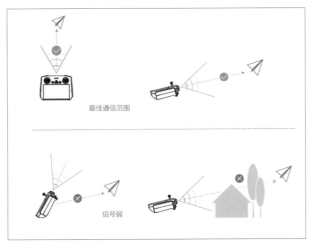

图 2-10　正确和错误调整遥控器天线的姿势

④ 经常使用运动挡飞行无人机。在运动挡模式下，无人机的避障功能会失效，刹车距离也会加长。如果在复杂环境下飞行无人机，那么稍微操作不慎，就很容易炸机。建议用户在平稳挡或者普通挡模式下飞行无人机，如图 2-11 所示。

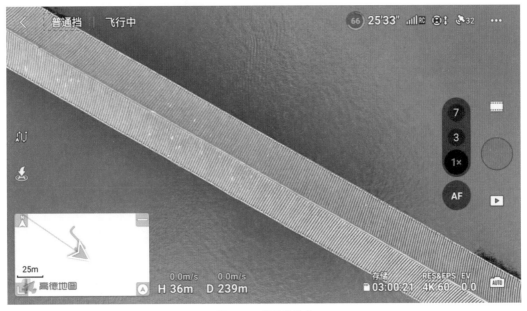

图 2-11　普通挡模式

⑤ 从来不检查桨叶。无人机在多次飞行之后，桨叶的磨损程度是非常大的，如果出现松动或者断裂的情况，也是非常危险的。

017 排行榜 7：航向控制失误

于新手而言，由于不熟悉摇杆的航向，在打杆的时候，可能出现航向控制失误的情况。如果无人机的反向位置有障碍物，而用户又刚好反向打杆了，那么无人机很可能就会撞到障碍物。尤其是在复杂环境下飞行无人机时，稍微错一点，都会有炸机的风险。

所以，建议用户尽量缓慢地推杆，尽量在空阔的环境中飞行无人机，留一些余地，确保在失误操作之后，还能挽救回来。

018 排行榜 8：高度判断失误

高度判断失误主要在一些低空飞行事件中比较常见。在大树周围飞行，大树的叶子和枝干是非常多的，如果用户对高度判断失误，那么无人机就很有可能撞进树枝里。特别是在一些前进飞行中，无人机要越过一些障碍物，如果用户没有把控好高度，那么无人机很可能与障碍物直接相撞。

所以，建议大家尽量让无人机飞高一点，这样可以减少意外的发生，毕竟高空中的障碍物比地面上的障碍物要少。

019 排行榜 9：错认他人无人机

当我们与飞友们约定一起飞行无人机的时候，会发现大家大都使用相同品牌或者型号的无人机，这就很容易认错无人机。当手动降落无人机的时候，看到没有反应的无人机，误以为是自己的无人机失灵，因此胡乱操作，从而导致自己的无人机失控炸机。

当我们的飞友与自己有着相同型号的无人机时，可以在无人机的机臂上贴上贴纸以作识别，夜间发光效果的贴纸还能让用户在晚上精准识别无人机，如图 2-12 所示。假如在降落或者飞行期间真的认不出自己的无人机了，我们首先要保持冷静，分析图传画面，再判断无人机的飞行方向和位置；或者开启智能返航功能，让无人机飞到起飞点的上空。

图 2-12　夜间发光效果的机臂贴纸

020　排行榜 10：未遵守飞行规定

未遵守飞行规定，是指用户不遵守法律规定的飞行政策，在限高区或者禁飞区飞行，尤其是机场和军、警、党、政等禁飞区的上空，是无人机的"天敌"，千万不能飞。

在城市中举办重大活动之前，也会颁布临时禁飞的通知，现场也设置了干扰，建议用户在限飞期间不要进行航拍，如上海进博会期间和杭州亚运会期间。

在 DJI Fly App 的主页中点击"飞行区 | 附近航拍点"按钮，并进入"地图"界面中，可以查看禁飞区，如图 2-13 所示，机场禁飞区呈红色糖果形状展示，军、警、党、政等禁飞区呈红色圆形展示。

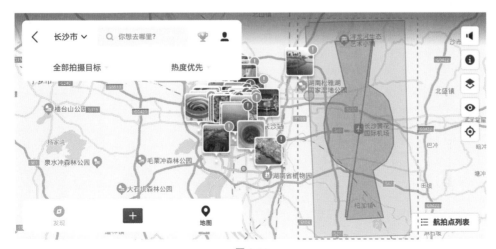

图 2-13

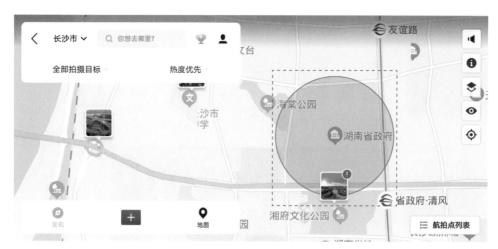

图 2-13　查看禁飞区

不过有些禁飞区不一定会在地图上展示红色区域，比如机密的军事基地，就不会详细在地图上标注区域，如果你在这上方飞行，不仅信号会受到雷达的干扰，还有可能会被"打"下来，没收飞行器或者存储卡。

如果要在禁飞区飞行，最好提前进行报备，通过报备之后才不会是"黑飞"。

第 3 章　安全飞行：掌握起飞与降落的 7 种方法

　　无人机在起飞与降落的过程中很容易发生事故，所以我们要熟练掌握无人机的起飞与降落等操作。本章将为大家介绍如何安全起飞和降落无人机，主要包括自动起飞与降落、手动起飞与降落、手持起飞与降落，以及智能返航等内容，让大家学会安全飞行。

021 自动起飞

扫码看教学视频

使用自动起飞功能可以帮助用户一键起飞无人机，既方便又快捷。下面介绍相应的操作方法。(本书所有操作如无特殊说明，均以"美国手"为例进行操控讲解。)

步骤01 将飞行器放在水平的地面上，依次开启遥控器与飞行器的电源，当左上角状态栏显示"可以起飞"的信息状态后，❶ 点击左侧的自动起飞按钮▲，弹出相应的面板；❷ 长按"起飞"按钮，如图 3-1 所示。

图 3-1 长按"起飞"按钮

步骤02 让无人机上升到 1.2m 高，如图 3-2 所示，向上推动左侧的摇杆，可以让无人机继续升高。

图 3-2 让无人机上升到 1.2m 高

022　自动降落

当无人机悬停在降落点上空时，使用自动降落功能，可以一键降落无人机。下面介绍相应的操作方法。

步骤01 ❶ 点击自动降落按钮🛬，弹出相应的面板；❷ 长按"降落"按钮，如图 3-3 所示。

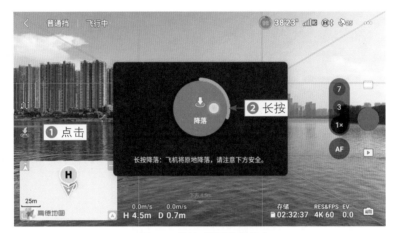

图 3-3　长按"降落"按钮

步骤02 无人机会自动降落在地面上，如图 3-4 所示，并关闭电机。

图 3-4　无人机会自动降落在地面上

023　手动起飞

手动启动电机之后，可以手动起飞无人机。下面介绍相应的操作方法。

将两个摇杆同时往内掰，或者同时往外掰，启动电机。启动电机后，将左摇杆缓慢地向上推动，无人机即可上升飞行，并刷新返航点，如图 3-5 所示。

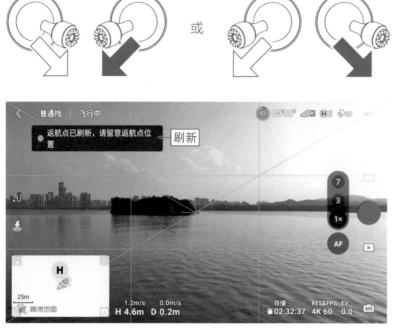

图 3-5　刷新返航点

024　手动降落

扫码看教学视频

　　手动起飞无人机之后，也可以手动降落无人机。下面介绍相应的操作方法。

　　当无人机悬停在降落点上空时，左手向下推动左摇杆，让无人机慢慢下降，直到无人机安全平稳地降落在地面上，如图 3-6 所示。

图 3-6　无人机安全平稳地降落在地面上

025 手持起飞

扫码看教学视频

若无人机起飞的地面不太平整，或者有很多细沙等杂物，此时可以通过手持无人机的方式起飞无人机，下面介绍相应的操作方法。注意，在行驶的船上不适合起飞无人机。

步骤01 飞手右手举起无人机，如图3-7所示，无人机的螺旋桨要与人物保持一定的距离，左手点击遥控器相机界面左侧的自动起飞按钮🛬，弹出相应的面板，长按"起飞"按钮，松开左手手指，无人机电机启动，螺旋桨开始旋转。

图 3-7　飞手右手举起无人机

步骤02 右手轻轻往上抬，无人机即可起飞，慢慢上升，如图3-8所示。

图 3-8　右手轻轻往上抬

★ 特别提示 ★

在手持起飞时，还可以用左手将两个摇杆同时往内掰，手动启动电机。然后左手向上推动左摇杆，起飞无人机。在手持起飞时，右手手腕需要与无人机保持垂直的90°，避免螺旋桨伤到手。电机启动之后，右手轻轻向上推动，让无人机飞离掌心。

026　手持降落

扫码看教学视频

为了使手持降落无人机更加安全和稳定，用户可以关闭无人机的避障功能。手持降落无人机还需要一定的技巧，下面介绍相应的操作方法。

步骤01 飞手左手拿遥控器，向下推动左摇杆，将无人机下降在飞手右前方，与头顶齐平，或者停在稍高一点的位置，如图 3-9 所示。

图 3-9　将无人机下降至一定的高度

步骤02 待无人机悬停之后，右手从无人机下方垂直快速抓住无人机，同时左手一直向下推动左摇杆，关闭电机，如图 3-10 所示。飞机可能会有"挣扎"，这时需要抓稳不动，直到无人机熄火。

图 3-10　右手从无人机下方垂直快速抓住无人机

★ 特别提示 ★

在手持起飞和降落无人机时，要时刻调整手腕的角度和无人机之间的距离，避免受伤。

027　智能返航

扫码看教学视频

当无人机飞得离我们比较远的时候，我们可以使用智能返航功能让无人机自动返航，这样操作的好处是比较方便，不用重复拨动左右摇杆，而缺点是用户需要先刷新返航点，然后再启用智能返航，以免无人机飞到其他地方去。同时，要保证返航高度设置得足够高，比附近的最高建筑要高。下面介绍相应的操作方法。

步骤01 当无人机飞远了，需要返航降落的时候，点击智能返航按钮 ，如图 3-11 所示。

图 3-11　点击智能返航按钮

步骤02 弹出相应的面板，长按"返航"按钮，如图 3-12 所示。

图 3-12　长按"返航"按钮

步骤03 执行操作后，无人机朝着返航点飞行，界面左上角显示相应的提示信息，提示用户无人机正在自动返航，如图3-13所示。在返航过程中，如果又遇到好看的风景，在电量允许的情况下可以点击左侧的 ✕ 按钮，取消返航，再继续进行创作。

图3-13　界面左上角显示相应的提示信息

步骤04 稍等片刻，即可完成无人机的智能返航操作，无人机成功降落在返航点，如图3-14所示。

图3-14　无人机成功降落在返航点

第 4 章　拍照模式：掌握航拍大片的拍摄技巧

在大疆 Mavic 3 Pro 中，无人机共有 5 种拍摄模式，这些模式在不同的场景中有不同的作用。本章将为大家介绍无人机的单拍、探索、AEB 连拍、连拍和定时模式，帮助大家打好基础，掌握航拍大片的拍摄技巧。

028 单拍模式

扫码看教学视频

单拍，顾名思义，就是指拍摄单张照片，也是最基础的拍照模式。下面介绍具体的拍摄方法。

步骤01 在 DJI Fly App 的相机界面中，点击拍摄模式按钮 ▢，在弹出的面板中，❶ 选择"拍照"选项；❷ 默认选择"单拍"拍摄模式；❸ 点击拍摄按钮 ⃝，如图 4-1 所示。

图 4-1　点击拍摄按钮

步骤02 即可拍摄单张照片，效果如图 4-2 所示。

图 4-2　单张照片效果

★ 特别提示 ★

在拍摄照片的时候，可以用手指在屏幕中点击主体，进行对焦处理，再点击拍摄按钮，这样拍摄出来的照片更清晰。

029 探索模式

扫码看教学视频

在探索模式下，相机镜头最大可以实现 28 倍混合变焦，满足一些用户的创作探索需求。下面介绍具体的拍摄方法。

步骤01 在 DJI Fly App 的相机界面中，点击拍摄模式按钮，在弹出的面板中，❶ 选择"拍照"选项；❷ 选择"探索"模式，如图 4-3 所示。

图 4-3 选择"探索"模式

步骤02 用双指在屏幕中放大画面，实现 5.8× 变焦效果，并调整俯仰镜头，点击拍摄按钮，如图 4-4 所示，拍摄照片。

图 4-4 点击拍摄按钮

★ 特别提示 ★

1×、3× 和 7× 属于光学变焦，画质最好，其他均属于电子变焦，画质会有所降低。

步骤 03 即可拍摄一张长焦照片，实现远距离拍摄近景的效果，如图 4-5 所示。

图 4-5 拍摄一张长焦照片

030 AEB 连拍模式

扫码看教学视频

AEB 连拍是指包围曝光，有 3 张和 5 张两个选项，相机以 0.7 为增量连续拍摄多张照片，适合拍摄静止的大光比场景。下面介绍具体的拍摄方法。

步骤 01 在 DJI Fly App 的相机界面中，点击拍摄模式按钮，在弹出的面板中，❶ 选择"拍照"选项；❷ 选择"AEB 连拍"模式；❸ 默认选择 3 选项；❹ 点击拍摄按钮 ，如图 4-6 所示，无人机即可拍摄 3 张照片。

图 4-6 点击拍摄按钮

步骤02 在 Photoshop 中通过堆栈的形式，将 3 张 AEB 连拍图片进行叠加，再进行调色，效果如图 4-7 所示。

图 4-7　照片效果

031　连拍模式

扫码看教学视频

在连拍模式下，无人机会连续拍摄多张照片，可以选择连续拍摄 3 张、5 张和 7 张照片。下面介绍具体的拍摄方法。

步骤01 在 DJI Fly App 的相机界面中，点击拍摄模式按钮▢，在弹出的面板中，❶ 选择"拍照"选项；❷ 选择"连拍"模式；❸ 选择 7 选项；❹ 点击拍摄按钮◯，如图 4-8 所示，拍摄照片。

图 4-8　点击拍摄按钮

步骤02 无人机即可一次性拍摄 7 张照片，如图 4-9 所示。

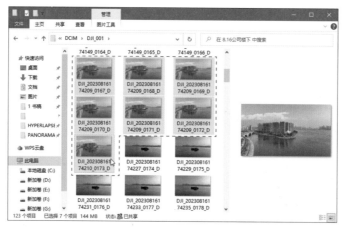

图 4-9　无人机即可一次性拍摄 7 张照片

★ 特别提示 ★

使用连拍模式可以抓拍高速运动的物体，如抓拍赛场上的运动员或者飞行的鸟类。拍摄完成之后，再从多张照片中选择合适的照片进行后期处理即可。连拍的时候图面可能会卡住，只需等候片刻即可。在拍摄夜景的时候，可以进行连拍，这样能提升拍摄出清晰图片的概率。

032　定时模式

扫码看教学视频

定时模式是指无人机以所选的间隔时间连续拍摄多张照片，有多个不同的时间可供选择。下面介绍具体的操作方法。

步骤01 在拍摄模式面板中，❶ 选择"拍照"选项；❷ 选择"定时"模式；❸ 选择 3s 选项；❹ 点击拍摄按钮，如图 4-10 所示，拍摄照片。

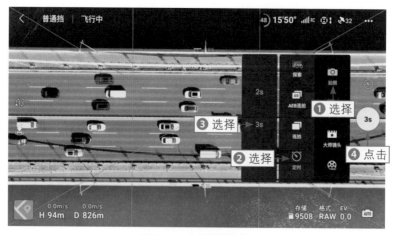

图 4-10　点击拍摄按钮

步骤02 无人机即可每隔 3s 就拍摄一张照片，效果如图 4-11 所示，直到再次按下拍摄按钮，就可以停止定时拍摄。

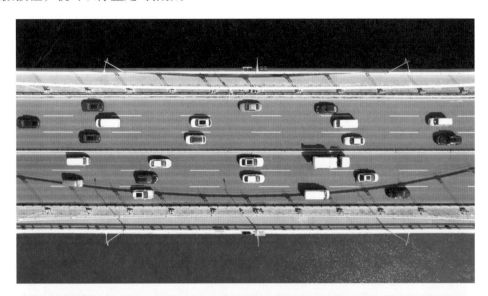

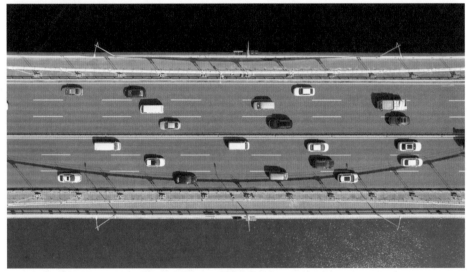

图 4-11　无人机即可每隔 3s 就拍摄一张照片

★ 特别提示 ★

定时模式与航点飞行模式配合，可以拍摄轨迹延时视频，不过需要后期用照片手动合成视频，无人机不能自动合成延时视频。定时模式还可以用来自拍，记录人物的动态表情和姿势。

第 5 章　录像模式：学会用视频记录动态的美

在大疆 Mavic 3 Pro 中，无人机共有 4 种视频拍摄模式，分别为普通、夜景、探索和慢动作模式，学会这些视频拍摄模式的用法，可以为我们的视频创作打好基础，以及提供更多的创意玩法。本章将为大家介绍相应的视频拍摄模式，帮助大家学会用视频记录动态的美。

033　普通模式

扫码看教学视频

　　普通模式是比较基础的视频录制模式，用户只需点击拍摄按钮，就可拍摄视频。下面介绍具体的拍摄方法。

　　步骤01 在 DJI Fly App 的相机界面中，点击拍摄模式按钮███，如图 5-1 所示。

图 5-1　点击拍摄模式按钮

　　步骤02 在弹出的面板中，❶ 选择"录像"选项；❷ 默认选择"普通"拍摄模式；❸ 点击拍摄按钮██，效果如图 5-2 所示。

图 5-2　点击拍摄按钮（1）

　　步骤03 向上推动左摇杆，让无人机慢慢上升飞行，视频拍摄完成之后，再次点击拍摄按钮██，如图 5-3 所示，即可停止拍摄视频。

★ 特别提示 ★

　　如果不推动摇杆，在拍摄视频的时候，就是以固定机位拍摄固定镜头视频。

图 5-3 点击拍摄按钮（2）

步骤 04 用普通模式拍摄的视频效果如图 5-4 所示，这是一段上升镜头。

图 5-4 用普通模式拍摄的视频效果

034　夜景模式

扫码看教学视频

大疆Mavic 3 Pro无人机在录像状态下有夜景模式，无人机全程自动降噪，实现纯净夜拍，比普通录像模式拍摄的夜景效果要好。下面介绍具体的拍摄方法。

步骤01 在 DJI Fly App 的相机界面中，点击拍摄模式按钮█，在弹出的面板中，❶ 选择"录像"选项；❷ 选择"夜景"模式；❸ 点击拍摄按钮█，如图5-5 所示。

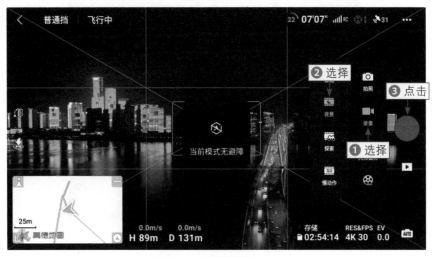

图 5-5　点击拍摄按钮（1）

★ 特别提示 ★

在"夜景"模式下，无人机的避障功能是失效的，所以一定要谨慎飞行，避免炸机。

步骤02 向下推动左侧的摇杆，让无人机慢慢下降飞行，再次点击拍摄按钮█，如图5-6 所示，停止拍摄。

图 5-6　点击拍摄按钮（2）

41

步骤 03 即可拍摄一段夜景视频，效果如图 5-7 所示。

图 5-7　拍摄一段夜景视频

035　探索模式

扫码看教学视频

　　在"录像"拍摄模式下也有探索模式，用户可以放大焦段，拍摄长焦视频。下面介绍具体的拍摄方法。

步骤 01 在 DJI Fly App 的相机界面中，点击拍摄模式按钮，在弹出的面板中，❶ 选择"录像"选项；❷ 选择"探索"模式，如图 5-8 所示。

图 5-8　选择"探索"模式

步骤02 用双指在屏幕中放大，实现 3.9× 变焦效果，调整镜头的角度，点击拍摄按钮 ，如图 5-9 所示，拍摄视频。

图 5-9　点击拍摄按钮

步骤03 将云台俯仰拨轮慢慢地向右拨动，抬升镜头，视频效果如图 5-10 所示。

图 5-10　视频效果

036 慢动作模式

在慢动作模式下，无人机拍摄时长为 1s 的视频，后期会慢速播放，自动生成时长为 5s 的成品视频。用慢动作模式拍摄视频，画面会更有电影感。下面介绍具体的拍摄方法。

步骤01 在 DJI Fly App 的相机界面中，点击拍摄模式按钮，在弹出的面板中，❶ 选择"录像"选项；❷ 选择"慢动作"模式，如图 5-11 所示。

图 5-11　选择"慢动作"模式

步骤02 调整无人机相机镜头的拍摄角度，点击拍摄按钮，如图 5-12 所示，拍摄视频。

图 5-12　点击拍摄按钮

步骤03 5s 之后，再次点击拍摄按钮，停止拍摄，无人机后期会生成一段时长为 25s 的慢动作视频，效果如图 5-13 所示。

图 5-13　慢动作视频效果

★ 特别提示 ★

慢动作模式比较适合拍摄一些运动、激烈的场景，能够记录和还原动作瞬间。

步骤04 还可以使用慢动作模式拍摄闪电，如图 5-14 所示。

图 5-14　使用慢动作模式拍摄闪电

第6章 大师镜头：让无人机自动运镜出片

对小白来说，大师镜头是非常实用的一个智能拍摄模式。当你面对目标，却不知道如何运镜时，在 DJI Fly App 的相机界面中选择"大师镜头"拍摄模式，就能给你带来不一样的视角和惊喜。大师镜头包含 3 种飞行轨迹、10 段镜头及 20 种模板，本章将帮助大家学会使用这个模式。

扫码看教学视频

037 选择目标

在"大师镜头"模式下，无人机会根据被摄对象，自动规划出飞行轨迹。在拍摄视频之前，需要选择目标，用户可以通过框选或者点击目标对象的方式，选择目标。下面介绍具体操作方法。

步骤01 在 DJI Fly App 的相机界面中，❶ 点击左侧的拍摄模式按钮，在弹出的面板中；❷ 选择"大师镜头"选项，如图 6-1 所示。

图 6-1 选择"大师镜头"选项

步骤02 ❶ 用手指在屏幕中框选目标对象，等方框内的区域变绿，即表示成功选择目标；❷ 点击 Start（开始）按钮，如图 6-2 所示。

图 6-2 点击 Start（开始）按钮

步骤 03 弹出"位置调整中…"提示，无人机会自动调整位置，如图6-3所示。

图6-3 弹出"位置调整中…"提示

038 拍摄渐远镜头

无人机开始后退和上升拉高，远离目标主体，拍摄一段渐远镜头，如图6-4所示，渐远镜头适合用来展示大环境，在视频开场或者结束时很适用。

图6-4 拍摄渐远镜头

039 拍摄远景环绕镜头

让无人机后退并拉高之后，开始围绕目标，拍摄一段远景环绕镜头，如图 6-5 所示。远景环绕镜头可以多角度地展示周围的环境。

图 6-5 拍摄远景环绕镜头

040 拍摄抬头前飞镜头

开始调整无人机俯仰镜头，拍摄抬头前飞镜头，如图 6-6 所示。抬头前飞镜头会从不同的俯仰角度展示环境和主体，让画面有循序渐进之感。

图 6-6　拍摄抬头前飞镜头

041 拍摄横滚前飞镜头

开启无人机的第一人称主视角（First Person View，FPV）模式，左右倾斜镜头并前飞，如图6-7所示。以FPV模式拍摄的画面是倾斜的，是一种模仿穿越机的拍法。

图6-7 拍摄横滚前飞镜头

042　拍摄近景环绕镜头

　　进入长焦模式，拍摄一段近景环绕镜头，如图 6-8 所示。在长焦模式下，背景会变得简洁一些。

图 6-8　拍摄近景环绕镜头

043　拍摄缩放变焦镜头

　　一边让无人机后退，一边改变焦段，拍摄一段缩放变焦镜头，如图 6-9 所示。缩放变焦镜头主要是指对画面背景进行放大或者缩小的镜头，需要有变焦功能的无人机才能实现。

图 6-9　拍摄缩放变焦镜头

044 拍摄中景环绕镜头

变焦之后，继续拍摄一段中景环绕镜头，如图 6-10 所示。中景是介于近景与远景的景别，通过拍摄多景别的环绕镜头，可以让画面更有层次感。

图 6-10 拍摄中景环绕镜头

045 拍摄冲天镜头

回到广角焦段，拍摄冲天镜头，如图 6-11 所示。冲天镜头是指无人机相机镜头慢慢向下俯拍的镜头，在手动拍摄的过程中，可以通过拨动云台俯仰拨轮调整。

图 6-11 拍摄冲天镜头

046 拍摄平拍下降镜头

无人机旋转 180°，慢慢降低高度拍摄平拍下降镜头，如图 6-12 所示。由于主体比较远，所以无人机下降的幅度不是很大。

图 6-12 拍摄平拍下降镜头

047　拍摄平拍旋转镜头

无人机在平拍下降镜头的基础上，旋转镜头，拍摄四周的环境，如图 6-13 所示。旋转镜头非常适合用来交代周围环境。

图 6-13　拍摄平拍旋转镜头

第 7 章　一键短片：自动拍视频的飞行模式

在 DJI Fly App 中有"一键短片"模式，用户可以运用这些飞行模式快速拍出精彩的成品视频。本章主要介绍如何利用"一键短片"模式进行拍摄，包含"渐远""冲天""环绕""螺旋""彗星""小行星"模式。以不同模式拍摄出来的视频效果会有所不同，大家在学会这些模式之后，就可以自由地进行航拍创作了。

048 "渐远"模式

"一键短片"模式中的"渐远"模式是指无人机以目标为中心逐渐后退并上升飞行。在使用"渐远"模式拍摄视频的时候，需要先选择拍摄目标，无人机才能进行相应的飞行操作。下面介绍具体的操作方法。

步骤 01 在 DJI Fly App 的相机界面中，点击左侧的拍摄模式按钮 ▢，如图 7-1 所示。

图 7-1 点击拍摄模式按钮

步骤 02 在弹出的面板中，❶ 选择"一键短片"选项；❷ 默认选择"渐远"拍摄模式；❸ 点击 ↙ 按钮，取消提示，如图 7-2 所示。

图 7-2 点击相应的按钮

步骤 03 ❶ 在屏幕中框选车子作为目标，目标被选中之后，会处在绿色的方框内，默认飞行"距离"参数为30m；❷ 点击 Start（开始）按钮，如图 7-3 所示。

步骤 04 执行操作后，无人机开始后退和拉高飞行，如图 7-4 所示。

图 7-3　点击 Start（开始）按钮

图 7-4　无人机开始后退和拉高飞行

步骤05 拍摄任务完成后，无人机将自动返回起点，如图 7-5 所示。

图 7-5　无人机将自动返回起点

步骤06 使用"渐远"模式拍摄的视频效果如图7-6所示。

图7-6　使用"渐远"模式拍摄的视频效果

★ 特别提示 ★

　　点击"距离"右侧的下拉按钮▼，可以更改飞行距离。点击目标位置上的█按钮，也可以选择目标。

049　"冲天"模式

　　在使用"冲天"模式拍摄时，在框选目标对象后，无人机的云台相机将垂直90°俯视目标对象，然后垂直上升，离目标对象越飞越远。下面介绍具体的操作方法。

扫码看教学视频

　　步骤01 在拍摄模式面板中，❶ 选择"一键短片"选项；❷ 选择"冲天"模式；❸ 点击█按钮，取消提示，如图7-7所示。

图7-7　点击相应的按钮

　　步骤02 ❶ 在屏幕中框选车子作为目标，目标被选中之后，会处在绿色的方框内，默认飞行"高度"参数为30m；❷ 点击Start（开始）按钮，如图7-8所示，无人机即可对准目标，开始进行冲天飞行。

图 7-8　点击 Start（开始）按钮

步骤03 拍摄完成后，将自动返回任务起点，如图 7-9 所示。

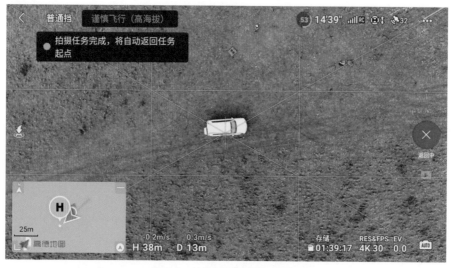

图 7-9　无人机将自动返回起点

步骤04 使用"冲天"模式拍摄的视频效果如图 7-10 所示。

图 7-10　使用"冲天"模式拍摄的视频效果

050 "环绕"模式

扫码看教学视频

"环绕"模式是指无人机围绕目标对象，以固定半径环绕一周飞行。下面介绍具体的操作方法。

步骤01 在 DJI Fly App 的相机界面中，点击拍摄模式按钮□，在弹出的面板中，❶ 选择"一键短片"选项；❷ 选择"环绕"拍摄模式；❸ 点击☰按钮，取消提示，如图 7-11 所示。

图 7-11 点击相应的按钮

步骤02 ❶ 在屏幕中框选车子作为目标，框选目标之后，无人机默认向右逆时针环绕飞行；❷ 点击 Start（开始）按钮，如图 7-12 所示。

图 7-12 点击 Start（开始）按钮

步骤03 无人机开始围绕车子进行环绕飞行，效果如图 7-13 所示。当无人机环绕 360° 之后，会回到起点。

图 7-13　无人机围绕车子进行环绕飞行

步骤 04 使用"环绕"模式拍摄的视频效果如图 7-14 所示。

图 7-14　使用"环绕"模式拍摄的视频效果

051 "螺旋"模式

扫码看教学视频

　　"螺旋"模式是指无人机围绕目标对象飞行一圈，并逐渐拉升一段距离。
下面介绍具体的操作方法。

　　步骤01 ❶ 在拍摄模式面板中选择"一键短片"选项；❷ 选择"螺旋"拍摄模式；
❸ 点击 ▚ 按钮，取消提示，如图 7-15 所示。

图 7-15　点击相应的按钮

　　步骤02 ❶ 框选车子作为目标；❷ 选择目标之后，选择向左顺时针环绕飞行的
方式；❸ 点击 Start（开始）按钮，如图 7-16 所示。

图 7-16　点击 Start（开始）按钮

　　步骤03 无人机即可围绕目标对象顺时针飞行一圈，并逐渐拉升一段距离。拍摄完
成之后，会回到起点位置，如图 7-17 所示。

图7-17　无人机围绕目标对象顺时针飞行一圈

步骤04 使用"螺旋"模式拍摄的视频效果如图 7-18 所示。

图 7-18　使用"螺旋"模式拍摄的视频效果

★ 特别提示 ★

"环绕"和"螺旋"模式都可以选择环绕方向，进行顺时针或者逆时针环绕。

052　"彗星"模式

扫码看教学视频

当使用"彗星"模式拍摄时，无人机将围绕目标飞行一圈，先逐渐上升到最远端，再逐渐下降返回起点。下面介绍具体的操作方法。

步骤01 ❶ 在拍摄模式面板中选择"一键短片"选项；❷ 选择"彗星"拍摄模式；❸ 点击 ![按钮] 按钮，取消提示，如图 7-19 所示。

图 7-19　点击相应的按钮

步骤02 ❶ 框选车子作为目标；❷ 选择目标之后，默认选择向右逆时针环绕飞行的方式；❸ 点击 Start（开始）按钮，如图 7-20 所示，无人机开始环绕上升飞行，最后再飞回到起点。

图 7-20　点击 Start（开始）按钮

步骤03 使用"彗星"模式拍摄的视频效果如图 7-21 所示。

图 7-21　使用"彗星"模式拍摄的视频效果

053　"小行星"模式

扫码看教学视频

　　当使用"小行星"模式拍摄时，可以完成一个从局部到全景的漫游小视频，效果非常吸引人眼球。下面介绍具体的操作方法。

　　步骤01 ❶ 选择"一键短片"选项；❷ 选择"小行星"拍摄模式，如图 7-22 所示。

图 7-22　选择"小行星"拍摄模式

步骤 02 点击 按钮，取消提示，❶ 用手指在屏幕中框选车子作为目标；❷ 点击 Start（开始）按钮，如图 7-23 所示，无人机开始飞行。

图 7-23 点击 Start（开始）按钮

步骤 03 执行操作后，即可使用"小行星"模式一键拍摄短片，视频效果如图 7-24 所示。

图 7-24 使用"小行星"模式拍摄的视频效果

第 8 章　延时摄影：拍出具有高端感的视频

　　无人机的延时摄影功能是无人机航拍一个巨大的亮点，掌握这项功能，可以让你的无人机航拍水平再上升一个台阶。在拍摄慢速或连续变化的场景时，如日出日落、云彩飘动、城市夜景等，延时视频能让观众有一种与众不同的视觉体验。本章将为大家介绍用无人机进行延时摄影的方法。

054 自由延时

扫码看教学视频

自由延时是唯一一个不用起飞就可以拍摄的延时模式，可以在地面拍摄，也可以在无大风的空中进行悬停拍摄。不过，随着定速巡航功能的更新，可以搭配自由延时一起使用，从而可以拍出大范围的移动延时视频。下面介绍自由延时的基本拍法。

步骤01 在 DJI Fly App 的相机界面中，点击左侧的拍摄模式按钮，如图 8-1 所示。

图 8-1 点击拍摄模式按钮

步骤02 在弹出的面板中，❶ 选择"延时摄影"选项；❷ 默认选择"自由延时"拍摄模式；❸ 点击拍摄按钮，如图 8-2 所示。

图 8-2 点击拍摄按钮

步骤03 无人机开始拍摄序列照片，如图 8-3 所示，在照片张数右侧有个 **+1s** 按钮，如果点击该按钮，那么最终合成的视频时长将增加 1s，拍摄张数会增加 25 张，拍摄时间也会延长。

步骤04 照片拍摄完成后，弹出"正在合成视频"提示，右侧也会显示合成的进度，如图 8-4 所示。

图 8-3　无人机开始拍摄序列照片

图 8-4　弹出"正在合成视频"提示

步骤05 待合成完毕后，弹出"视频合成完毕"提示，视频拍摄完成，如图 8-5 所示。

图 8-5　弹出"视频合成完毕"提示

步骤06 下面来欣赏拍摄好的自由延时视频，主要记录了天空中云朵的变化，效果如图 8-6 所示。

图 8-6　自由延时视频效果

055　环绕延时

扫码看教学视频

　　在"环绕延时"模式中，无人机可以根据框选的目标自动计算环绕半径，然后用户可以选择顺时针或者逆时针环绕拍摄。在选择环绕目标对象时，尽量选择位置上没有明显变化的物体对象。下面介绍环绕延时的具体拍法。

　　步骤01 在 DJI Fly App 的相机界面中，点击右侧的拍摄模式按钮□，如图 8-7 所示。

　　步骤02 在弹出的面板中，❶ 选择"延时摄影"选项；❷ 选择"环绕延时"拍摄模式；❸ 点击▨按钮，取消提示，如图 8-8 所示。

　　步骤03 ❶ 用手指在屏幕中框选目标；❷ 点击下拉按钮▽，如图 8-9 所示。

图 8-7　点击拍摄模式按钮

图 8-8　点击相应的按钮（1）

图 8-9　点击下拉按钮

步骤 04 在弹出的面板中，默认选择"逆时针"环绕方向，点击"速度"按钮，如图 8-10 所示。

图 8-10　点击"速度"按钮

步骤 05 ❶ 设置"速度"参数为 2.1m/s；❷ 点击✅按钮，如图 8-11 所示。

图 8-11　点击相应的按钮（2）

步骤 06 点击"视频时长"按钮，❶ 设置"视频时长"参数为 6s；❷ 点击✅按钮；❸ 点击拍摄按钮⬤，如图 8-12 所示。

图 8-12　点击拍摄按钮

步骤 07 无人机测算一段距离之后，开始拍摄序列照片，拍摄完成之后，弹出"正在合成视频"提示，如图 8-13 所示，稍等片刻，合成延时视频。

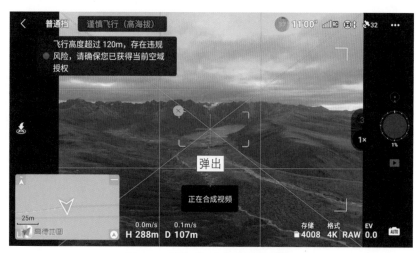

图 8-13 弹出"正在合成视频"提示

★ 特别提示 ★

"速度"参数值越大，环绕的幅度就越大；增加"视频时长"参数，拍摄时间也会增加。

步骤 08 下面来欣赏拍摄好的环绕延时视频，效果如图 8-14 所示。

图 8-14 环绕延时视频效果

056　定向延时

扫码看教学视频

　　"定向延时"模式通常应用于拍摄直线飞行的移动延时，并且可以利用"定向延时"模式拍摄甩尾效果的视频。在"定向延时"模式下，一般默认当前无人机的朝向为飞行方向，如果不修改无人机的镜头朝向，则无人机向前飞行。下面介绍定向延时的具体拍法。

　　步骤01 在 DJI Fly App 的相机界面中，点击右侧的拍摄模式按钮▦，如图 8-15 所示。

图 8-15　点击拍摄模式按钮

　　步骤02 在弹出的面板中，❶ 选择"延时摄影"选项；❷ 选择"定向延时"拍摄模式；❸ 点击▨按钮，取消提示，如图 8-16 所示。

图 8-16　点击相应的按钮

　　步骤03 ❶ 点击锁定按钮🔓，锁定航线🔒；❷ 框选目标点；❸ 点击下拉按钮∨，如图 8-17 所示。

图 8-17　点击下拉按钮

步骤04 ❶ 设置"视频时长"参数为 6s、"速度"参数为 1.0m/s；❷ 点击拍摄按钮◉，如图 8-18 所示。

图 8-18　点击拍摄按钮

步骤05 无人机开始拍摄序列照片，界面中显示拍摄进度，如图 8-19 所示。

图 8-19　界面中显示拍摄进度

步骤06 照片拍摄完成后，弹出"正在合成视频"提示，如图 8-20 所示，稍等片刻，即完成合成延时视频。

图 8-20　弹出"正在合成视频"提示

步骤07 下面来欣赏拍摄好的定向延时视频，也是一段前进延时视频，效果如图 8-21 所示。

图 8-21　定向延时视频效果

★ 特别提示 ★

　　定向延时的机头方向可以任意选择，故而可以实现侧飞、倒飞；结合兴趣点，也可以实现贴近再拉远的环绕效果。

057　轨迹延时

使用"轨迹延时"拍摄模式，可以设置多个航点，不过主要是需要设置画面的起幅点和落幅点。在拍摄之前，用户需要提前让无人机沿着航线飞行，到达所需的高度，设定朝向后再添加航点，航点会记录无人机的高度、朝向和摄像头角度。

全部航点设置完毕后，无人机可以按正序或倒序的方式拍摄轨迹延时。下面介绍轨迹延时的具体拍法。

步骤01 在拍摄模式面板中，❶ 选择"延时摄影"选项；❷ 选择"轨迹延时"拍摄模式；❸ 点击　按钮，取消提示，如图8-22所示。

图 8-22　点击相应的按钮（1）

步骤02 点击界面中右上角的　按钮，❶ 切换至"拍摄"设置界面；❷ 设置"原片类型"为RAW格式，如图8-23所示，拍摄RAW格式的原片，后期调整的空间很大，这样可以让制造出来的视频画质更高，保留更多的图像细节。

图 8-23　设置"原片类型"为RAW格式

步骤03 点击　按钮，设置无人机轨迹飞行的起幅点，如图8-24所示。

步骤04 让无人机后退拉升飞行一段距离，调整俯仰角度之后，点击　按钮，添加落幅点，如图8-25所示。

图 8-24　点击相应的按钮（2）

图 8-25　点击相应的按钮（3）

步骤05 打开地图，查看轨迹，设置"逆序"拍摄顺序，保持默认的"拍摄间隔"和"视频时长"参数，如图 8-26 所示。

图 8-26　设置"拍摄顺序"为"逆序"

步骤06 点击右下角的参数，❶ 设置 ISO 参数为 200、"快门"速度为 1/1.67、"光圈"参数为 2.8；❷ 点击拍摄按钮 ⬤，如图 8-27 所示。

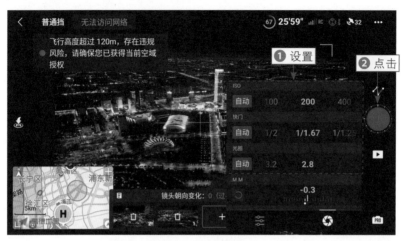

图 8-27　点击拍摄按钮

步骤07 无人机沿着轨迹逆序飞行拍摄序列照片，如图 8-28 所示。

图 8-28　无人机沿着轨迹逆序飞行拍摄序列照片

★ 特别提示 ★

对于航拍延时的拍摄要点，在这里总结了一些经验技巧。

① 飞行高度一定要尽量高，有一定距离后，可以在一定程度上忽略无人机带来的飞行误差。

② 建议在飞行前校准云台和指南针，减缓定向延时、轨迹延时飞行方向的偏差。

③ 要避免强光闪烁，避免画面中出现户外大屏、舞台灯光等。

④ 由于延时拍摄的时间较长，建议用户让无人机在满电或者电量充足的情况下拍摄，避免无人机没电，影响拍摄效率。

⑤ 拍摄日转夜等光线变化大的场景，可以采用自动快门模式，让无人机根据光线自行选择合适的快门速度。

步骤08 拍摄完成后，无人机会合成延时视频。下面来欣赏拍摄好的轨迹延时作品，效果如图 8-29 所示。

图 8-29　轨迹延时视频效果

第9章 全景模式：拍出更广、更全的画面

在高空中，无人机能拍摄到的风景是极为广阔的，所以全景拍照模式也是飞手们必学的航拍技能。在大疆无人机中，有4种全景模式，分别为"球形全景""180°全景""广角全景""竖拍全景"，这些模式能让你航拍出来的照片内容更加全面、形式更多样化。本章将为大家介绍使用全景模式的拍摄技巧。

058　球形全景

扫码看教学视频

　　所谓"全景摄影"，就是将所拍摄的多张图片拼接合成为一张全景图片。随着无人机技术的不断发展，我们可以通过无人机轻松拍摄出全景照片，在计算机中进行后期拼接也十分方便，只要把握拍摄要点，就能拍摄和制作出全景作品。

　　球形全景是指无人机自动拍摄 26 张照片，然后进行自动拼接。拍摄完成后，用户在查看照片效果时，可以点击球形照片的任意位置，相机将自动缩放到该区域的局部细节，查看一张动态的全景照片。图 9-1 所示为使用无人机拍摄的球形全景照片效果。

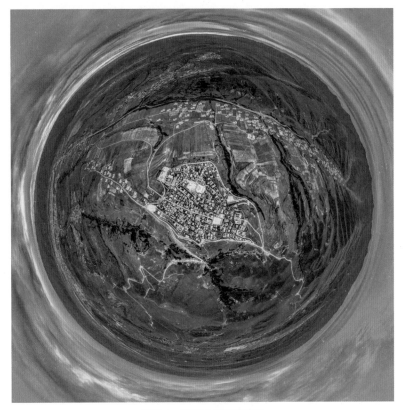

图 9-1　球形全景照片效果

★ 专家提醒 ★

　　将固件更新到最新版本之后，大疆 Mavic 3 Pro、大疆 Mavic 3 Pro Cine 中长焦相机支持拍摄夜景视频、大师镜头、一键短片、球形全景（只拍摄不合成）。

　　下面介绍球形全景的具体拍法。

　　步骤01 在 DJI Fly App 的相机界面中，点击右侧的拍摄模式按钮▭，如图 9-2 所示。

　　步骤02 在弹出的面板中，❶ 选择"全景"选项；❷ 默认选择"球形"全景模式；❸ 点击拍摄按钮◯，如图 9-3 所示。

图 9-2　点击右侧的拍摄模式按钮

图 9-3　点击拍摄按钮

步骤 03 无人机会自动拍摄照片，在右侧显示拍摄进度，如图 9-4 所示，照片拍摄完成后，点击回放按钮 ▶ 。

图 9-4　显示拍摄进度

步骤 04 在相册中选择拍摄好的全景照片，如图 9-5 所示。

图 9-5　在相册中选择拍摄好的全景照片

步骤 05 进入照片预览界面，点击"查看 360°图片"按钮，如图 9-6 所示。

图 9-6　点击"查看 360°图片"按钮

步骤 06 即可查看动态的球形全景照片，如图 9-7 所示。点击图片中的任意位置，即可放大和滑动照片查看细节，可以选择"展开""小行星""隧道""水晶球"选项，还能点击"截取图片"按钮进行截屏。

图 9-7　查看动态的球形全景照片

059　180° 全景

180° 全景是 21 张照片的拼接效果，以地平线为中心线，天空和地景各占照片的二分之一。图 9-8 所示为使用无人机拍摄的 180° 全景照片效果，在后期处理时，裁剪了一些天空部分的云朵画面，展示了更多的地景内容。

图 9-8　180° 全景照片效果

下面介绍 180° 全景的具体拍法。

进入拍照模式界面，❶ 选择"全景"选项；❷ 选择 180° 全景模式；❸ 点击拍摄按钮⬭，如图 9-9 所示，无人机即可拍摄并合成全景照片。

图 9-9　点击拍摄按钮

060　广角全景

无人机中的广角全景是 9 张照片的拼接效果，拼接出来的照片尺寸为 4∶3，画面同样是以地平线为分割线进行拍摄的。图 9-10 所示为在长沙北辰三角洲上空使用广角全景模式航拍的城市建筑效果。

图 9-10　广角全景照片效果

下面介绍广角全景的具体拍法。

进入拍照模式界面，❶选择"全景"选项；❷选择"广角"全景模式；❸点击拍摄按钮○，如图 9-11 所示，无人机即可拍摄并合成全景照片。

图 9-11　点击拍摄按钮

★ 专家提醒 ★

在拍摄全景照片的时候，先选定拍摄对象，然后对画面进行构图，再拍摄。

061 竖拍全景

扫码看教学视频

无人机中的竖拍全景是 3 张照片的拼接效果，什么时候才适合用竖拍全景构图呢？一是拍摄的对象具有竖向的狭长性或线条性，二是展现天空的纵深及里面有合适的点睛对象。

图 9-12 所示为使用竖拍全景模式航拍的公路照片，对狭长的道路进行全景拍摄，展示其纵深感。

下面介绍竖拍全景的具体拍法。

进入拍照模式界面，❶ 选择"全景"选项；❷ 选择"竖拍"全景模式；❸ 点击拍摄按钮◯，如图 9-13 所示，无人机即可拍摄并合成全景照片。

图 9-12 竖拍全景照片效果

图 9-13 点击拍摄按钮

第 10 章　航点飞行：帮你全面掌握航点拍摄

在航点飞行模式下，无人机可以根据用户规划的航线任务，自主完成预设的飞行轨迹和拍摄动作。掌握航点飞行技巧，可以实现希区柯克变焦、甩尾飞行、日转夜延时、螺旋环绕等复杂航线的飞行与拍摄。本章主要介绍如何设置航点、航线等内容，帮助用户掌握基础的航点飞行技巧。

062　添加航点与兴趣点

使用无人机进行航点飞行之前，首先需要学会添加航点与兴趣点。添加航点的方式主要有两种，下面介绍具体的操作方法。

步骤01 在 DJI Fly App 的相机界面中，点击航点飞行按钮，如图 10-1 所示。

图 10-1　点击航点飞行按钮

步骤02 开启航点飞行，点击地图，如图 10-2 所示，打开地图。

图 10-2　点击地图

步骤03 在地图上的任意位置点击，就可以添加航点 1，航点显示为绿色，如图 10-3 所示。

步骤04 ❶ 点击航点 1，可以更改航点的相应参数；❷ 点击删除按钮，如图 10-4 所示，在弹出的对话框中点击"删除"按钮，即可删除航点 1，点击图传画面，可以切换画面。

步骤05 在"航点"选项卡中点击➕按钮，如图 10-5 所示，添加航点 1。

图 10-3　添加航点 1

图 10-4　点击删除按钮

图 10-5　点击相应的按钮（1）

步骤 06 ❶ 切换至"兴趣点"选项卡；❷ 点击 ➕ 按钮，如图 10-6 所示，就可以添加兴趣点了。

图 10-6　点击相应的按钮（2）

★ 特别提示 ★

点击 ➕ 按钮，可以"打点"，记录当前无人机的高度、方位、朝向、相机俯仰等信息。兴趣点是指镜头朝向的点，设置兴趣点，可以保证无人机在飞行时，镜头始终朝向兴趣点。

063　设置飞行路线

扫码看教学视频

使用航点飞行，一般要添加多个航点，航点与航点之间的轨迹就是飞行路线。那么，如何设置飞行路线呢？下面介绍具体的操作方法。

向上推动右侧的摇杆，让无人机前进飞行一段距离，❶ 切换至"航点"选项卡；❷ 点击 ➕ 按钮，如图 10-7 所示，添加航点 2，航点 1 与航点 2 之间的轨迹就是飞行路线。增加多个航点后，航线会自动进行曲线拟合，让视频拍摄更加顺畅。

图 10-7　点击相应的按钮

064 设置相应的参数

扫码看教学视频

在飞行无人机之前，还需要设置相应的参数，保证无人机的航点飞行效果。下面介绍具体的操作方法。

步骤01 在航点飞行面板中，点击右侧的更多设置按钮●●●，如图 10-8 所示。

图 10-8 点击更多设置按钮

步骤02 ❶ 设置"全局速度"参数为 3.6m/s，任务结束时无人机返航，当无人机失控时也会返航，起始航点为航点 1；❷ 点击右上角的 ○○○ 按钮，如图 10-9 所示。

图 10-9 点击相应的按钮

步骤03 在"安全"设置界面中，设置无人机的"避障行为"为"绕行"、"绕行安全速度"为"标准"，如图 10-10 所示，保证无人机遇到障碍物时不会炸机。

图 10-10　设置相应的避障行为

065　保存航点飞行路线

当我们规划好航点飞行路线之后，可以将该路线进行保存，方便以后载入相同的飞行路线进行航拍。下面介绍具体的操作方法。

步骤01 在航点飞行面板中，点击左侧的按钮，如图 10-11 所示。

图 10-11　点击相应的按钮

步骤02 进入"历史任务"界面，❶ 更改飞行路线的名称；❷ 点击"保存"按钮，如图 10-12 所示。

步骤03 在弹出的对话框中点击"直接保存"按钮，如图 10-13 所示，保存路线。

步骤04 ❶ 选择不需要的飞行路线；❷ 向左滑动并点击删除按钮█；❸ 在弹出的对话框中点击"删除"按钮，如图 10-14 所示，删除路线。

图 10-12　点击"保存"按钮

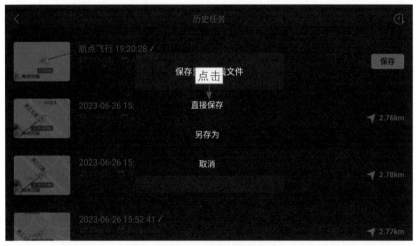

图 10-13　点击"直接保存"按钮

图 10-14　点击"删除"按钮

066 按照航点路线飞行

当我们规划好一系列航点路线和设置参数之后，接下来就可以按照航点路线飞行无人机。下面介绍具体的操作方法。

步骤01 在航点飞行面板中，点击右侧的更多设置按钮███，如图10-15所示。

图 10-15 点击相应的按钮

步骤02 在弹出的面板中，点击 GO 按钮，如图10-16所示。

图 10-16 点击 GO 按钮

步骤03 无人机按照飞行路线飞行到航点1的位置，如图10-17所示。

步骤04 无人机根据飞行路线进行飞行，如图10-18所示，点击 ▮▮ 按钮，可以暂停飞行；点击拍摄按钮〇，可以拍摄照片。在航点还可以设置动作，如悬停、录制视频或者拍照。如果既要录制航线视频，又要在航点拍照，建议将动作设置为悬停，然后手动进行拍摄。

图 10-17　无人机飞行到航点 1 的位置

图 10-18　无人机根据飞行路线进行飞行

步骤 05 无人机按照路线飞行完成之后，会飞回到返航点，如图 10-19 所示。

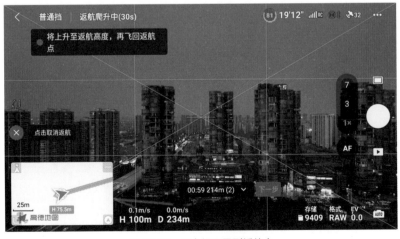

图 10-19　无人机飞回到返航点

第 11 章 变焦模式：3 倍与 7 倍变焦拍法

　　大疆 Mavic 3 Pro 主摄搭载的是哈苏镜头，且新增了一个 4800 万像素 1/1.3 英寸传感器，并配备了等效 70mm F2.8 恒定光圈镜头。哈苏广角相机、中长焦相机和长焦相机这 3 个镜头可以实现多段变焦，让航拍有了更多的玩法。本章将为大家介绍相应的变焦模式和拍摄玩法。

067　用 3 倍变焦拍摄照片

扫码看教学视频

　　大疆 Mavic 3 Pro 的多段变焦功能可以让创作者更加自由地发挥，有效地提升工作效率。在一些实际拍摄中，使用中长焦相机的次数可能比使用哈苏广角相机拍摄的次数还要多，因为用户可以利用 3 倍变焦来突出主体。下面为大家介绍用 3 倍变焦拍摄照片的方法。

　　步骤01 在 DJI Fly App 的相机界面中，点击对焦条上的 3 按钮，如图 11-1 所示。

图 11-1　点击对焦条上的 3 按钮

　　步骤02 让画面实现 3 倍变焦，再微微调整云台的角度，进行构图，点击拍摄按钮 ○，如图 11-2 所示，拍摄照片。

图 11-2　点击拍摄按钮

　　步骤03 用 3 倍变焦模式拍摄的照片效果如图 11-3 所示，缩减了画面内容。

图 11-3　照片效果

068　用 7 倍变焦拍摄照片

扫码看教学视频

　　3 倍变焦可以让画面具有空间压缩感，而 7 倍变焦则能放大主体，对局部进行刻画。下面为大家介绍用 7 倍变焦拍摄照片的方法。

　　步骤 01 ❶ 点击对焦条上的 7× 按钮，即可实现 7 倍变焦，调整云台的俯仰角度；❷ 点击拍摄按钮◯，如图 11-4 所示，拍摄照片。

图 11-4　点击拍摄按钮

步骤 02 用 7 倍变焦模式拍摄的照片效果如图 11-5 所示，展示了雪山细节。

图 11-5 照片效果

069 用长焦镜头拍摄视频

扫码看教学视频

长焦镜头除了可以用来拍摄照片，还可以用来拍摄视频，长焦镜头能让画面更加简洁、构图更加明朗。下面为大家介绍如何用长焦镜头拍摄视频。

步骤 01 在相机界面的"录像"模式下，❶ 点击对焦条上的 3× 按钮，让画面实现 3 倍变焦；❷ 点击拍摄按钮■，如图 11-6 所示。

图 11-6 点击拍摄按钮

步骤02 向左推动右摇杆，即可用长焦拍摄视频，效果如图 11-7 所示。

图 11-7　视频效果

070　用长焦拍摄延时视频

扫码看教学视频

在大疆 Mavic 3 Pro 无人机的延时模式中，还可以用 3 倍变焦拍摄延时视频，让视频画面更有压缩感。下面介绍拍摄方法。

步骤01 在 DJI Fly App 的相机界面中，点击拍摄模式按钮□，如图 11-8 所示。

步骤02 在弹出的面板中，❶ 选择"延时摄影"选项；❷ 默认选择"自由延时"拍摄模式；❸ 点击↙按钮，消除提示，如图 11-9 所示。

步骤03 ❶ 点击对焦条上的 3× 按钮；❷ 点击下拉按钮∨，如图 11-10 所示。

图 11-8　点击拍摄模式按钮

图 11-9　点击相应的按钮

图 11-10　点击下拉按钮

步骤 **04** 查看默认的设置，点击右侧的拍摄按钮 ⬤，如图 11-11 所示。

步骤 **05** 无人机把照片拍摄完成，合成视频之后，会弹出"视频合成完毕"提示，如图 11-12 所示，视频拍摄完成。

图 11-11　点击拍摄按钮

图 11-12　弹出"视频合成完毕"提示

步骤 **06** 下面来欣赏拍摄好的长焦延时视频，主要记录了道路车流的变化，效果如图 11-13 所示。

图 11-13　长焦延时视频效果

071 "旱地拔葱"玩法

"旱地拔葱"是最近比较流行的一种拍摄建筑的玩法，这种玩法需要无人机有长焦镜头，且需要在上升无人机的过程中俯拍。下面为大家介绍具体的拍摄方法。

步骤01 以树为前景，让无人机降低高度，❶ 点击对焦条上的 3× 按钮，实现 3 倍变焦；❷ 点击拍摄按钮 ⬤，如图 11-14 所示，拍摄视频。

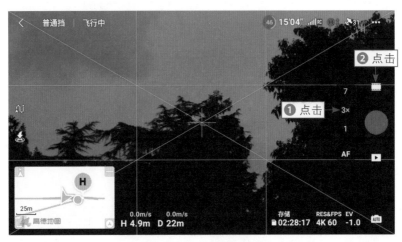

图 11-14　点击拍摄按钮

步骤02 向右拨动云台俯仰拨轮，调整云台的俯仰角度至 13°，微微仰拍前景，如图 11-15 所示。

图 11-15　调整云台的俯仰角度至 13°

步骤03 向上推动左摇杆，同时向左拨动云台俯仰拨轮，让无人机在上升的过程中向下俯视，让前景后面的建筑慢慢林立出来，展现"旱地拔葱"的效果，如图 11-16 所示。

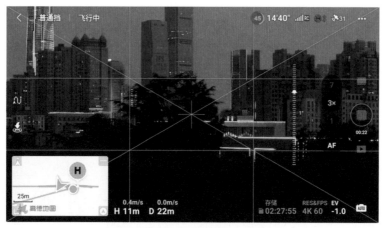

图 11-16　展现"旱地拔葱"的效果

步骤04 用"旱地拔葱"玩法拍摄的视频效果如图 11-17 所示。

图 11-17　视频效果

072　希区柯克变焦玩法

扫码看教学视频

希区柯克变焦也称为滑动变焦，是指通过制作出被拍摄主体与背景之间距离的改变，而主体本身大小不会改变的视觉效果，营造出一种空间扭曲感。下面为大家介绍具体的拍法。

步骤01 使无人机靠近主体，并让主体处于画面中间，在相机界面中，❶ 点击航点飞行按钮，开启航点飞行，弹出相应的面板；❷ 点击下拉按钮，如图 11-18 所示。

图 11-18　点击下拉按钮

步骤02 点击 ➕ 按钮，添加航点 1，如图 11-19 所示。

图 11-19　点击相应的按钮（1）

步骤03 向下推动右摇杆，让无人机后退飞行一段距离，点击 ➕ 按钮，如图 11-20 所示，添加航点 2，点击航点 1。

步骤04 在弹出的面板中，❶ 点击"相机动作"按钮，并设置为"开始录像"选项；❷ 点击返回按钮 **<**，如图 11-21 所示。

步骤05 点击航点 2，在弹出的面板中，设置"相机动作"为"结束录像"选项，❶ 点击"变焦"按钮，设置 3 倍变焦；❷ 点击返回按钮 **<**，如图 11-22 所示。

步骤06 点击更多按钮 **•••**，在弹出的面板中，❶ 设置"全局速度"为 4m/s；❷ 点击 GO 按钮，如图 11-23 所示。

图 11-20　点击相应的按钮（2）

图 11-21　点击返回按钮（1）

图 11-22　点击返回按钮（2）

图 11-23　点击 GO 按钮

步骤07 无人机即可按照所设的航点飞行，在开始飞行时，可以点击拍摄按钮⬤，拍摄视频，如图 11-24 所示。

图 11-24　点击拍摄按钮

步骤08 拍摄完成后，查看视频效果，可以看到画面主体的大小没有改变，而背景却有所改变，如图 11-25 所示。

图 11-25　查看视频效果

第 12 章　焦点跟随：无人机自动跟随拍摄

在大疆 Mavic 3 无人机的焦点跟随模式下，有"跟随""锁定""环绕"模式，不同模式下的拍摄效果会有所区别。在跟随人、车、船等移动物体的时候，使用焦点跟随模式，可以让你解放双手，实现拍摄自由。一键短片模式无人机会自动拍摄视频不同，在焦点跟随模式下，需要用户手动点击拍摄按钮，才能拍摄视频。

073 "跟随"模式

扫码看教学视频

在大疆 Mavic 3 无人机的"跟随"模式下，用户可以让无人机从 4 个方向跟随目标对象。无人机在跟随目标之前，需要用户框选目标，才能进行相应的设置，让无人机跟随目标飞行。下面介绍具体的操作方法。

步骤01 在 DJI Fly App 的相机界面中，❶ 用手指在屏幕中框选人物作为目标，框选成功之后，目标处于绿框内；❷ 绿框下面显示 图标，表示目标为人物；❸ 在弹出的面板中选择"跟随"模式，如图 12-1 所示。

图 12-1　选择"跟随"模式

步骤02 弹出"追踪"菜单，❶ 默认选择 B 选项；❷ 点击 GO 按钮，如图 12-2 所示。B 表示从背面跟随；F 表示从正面跟随；R 表示从右侧跟随；L 表示从左侧跟随。

图 12-2　点击 GO 按钮

步骤03 无人机将跟随人物，并且边跟随边绕到人物的背面进行跟随拍摄，如图 12-3 所示。用户可以点击拍摄按钮 拍摄视频。飞行完成之后，点击 Stop 按钮，无人机即可停止自动飞行和跟随。

图 12-3　无人机在人物背面跟随拍摄

★ 特别提示 ★

在框选目标之后，无人机会自动辨识目标物的属性。在绿框下面，根据目标的属性，如人、车、船等显示不同的图标。

074　"锁定"模式

扫码看教学视频

当我们使用"聚焦"跟随模式时，无人机将锁定目标对象，不论无人机向哪个方向飞行，相机镜头都会一直锁定目标对象。如果用户没有打杆，那么无人机将保持固定位置不动，但云台镜头会紧紧锁定和跟踪目标人物。下面介绍具体的操作方法。

步骤01 在 DJI Fly App 的相机界面中，❶ 框选人物为目标，框选成功之后，目标处于绿框内；❷ 默认选择"锁定"模式，如图 12-4 所示。

图 12-4　选择"锁定"模式

步骤 02 弹出"追踪"菜单，❶ 选择 R（右侧跟随）选项；❷ 点击 GO 按钮，如图 12-5 所示。无人机在"锁定"模式下，会自动调整高度和俯仰角度，让框选目标处于画面中间左右的位置。

图 12-5　点击 GO 按钮

步骤 03 在人物前行的时候，无人机自动调整相机云台的角度来锁定人物，如图 12-6 所示，点击绿框左上角的 × 按钮，可以退出"锁定"模式。

图 12-6　无人机自动调整相机云台的角度

★ 特别提示 ★

在大疆 Mavic 3 Pro 无人机的"焦点"跟随模式下，"锁定"模式改名为"聚焦"模式。

075　"环绕"模式

扫码看教学视频

"环绕"模式是指无人机在跟随目标对象的同时，环绕目标对象飞行。使用"环绕"跟随模式，可以让无人机向左环绕，也可以让无人机向右环绕，同时还能设置环绕飞行的速度。下面介绍具体的操作方法。

步骤01 在 DJI Fly App 的相机界面中，点击右上角的 000 按钮，进入"安全"设置界面，设置无人机的"避障行为"为"绕行"，如图 12-7 所示，这样可以保证环绕飞行的安全。

图 12-7 设置无人机的"避障行为"为"绕行"

步骤02 在 DJI Fly App 的相机界面中，❶ 框选人物作为目标，框选成功之后，目标处于绿框内；❷ 在弹出的面板中选择"环绕"模式，如图 12-8 所示。

图 12-8 选择"环绕"模式

步骤03 ❶ 默认设置向右环绕的方式；❷ 点击 GO 按钮，如图 12-9 所示。

步骤04 无人机将跟随并向右环绕人物飞行几周，如图 12-10 所示。

步骤05 点击 Stop 按钮，如图 12-11 所示，无人机即可停止自动飞行。

★ 特别提示 ★

越往右侧或者左侧滑动控制按钮，环绕飞行的速度越快。

图 12-9　点击 GO 按钮

图 12-10　无人机将跟随并向右环绕人物飞行几周

图 12-11　点击 Stop 按钮

【专题摄影篇】

第13章　人像航拍专题

　　无人机不仅可以用来航拍风景，还可以用来航拍人像，从而呈现出更大的视野空间，拍摄出别样角度的人像照片和视频。在航拍人像的过程中，我们需要先掌握注意事项和拍摄技巧，用来指导实战拍摄。本章将为大家详细地介绍人像航拍的技巧，帮助大家拍出精彩大片。

076 人像航拍注意事项

用户在使用无人机拍摄人像时，需要了解一定的注意事项，这样才能让模特与环境相呼应，从而拍摄出精彩的人像照片和视频。下面为大家介绍相应的注意事项。

1. 选择合适的服装

服装是影响航拍人像照片和视频的一个因素，尤其是服装的颜色。如果模特穿着绿色的裙子，站在绿色的草地上，那么无人机升高拍摄时，模特就会与环境融为一体，那么这样的人像视频就没有意义了。

所以，为了让模特更加醒目，可以让模特穿对比色服装。比如，在绿色场景中，模特可以穿橙色或者红色的衣服，如图 13-1 所示，这样模特就会非常突出。

图 13-1 在绿色草地上模特穿橙色的服装

用户在外出航拍人像的时候，可以选择只携带橙色、红色颜色的服装，色彩鲜艳的服装在大多数航拍场景中都不会出错，这样可以减轻行李负担。

2. 选择合适的环境

在航拍画面中，模特占比是比较小的，所以拍摄环境不能过于复杂，不然就会丢失主体，画面也会变得不简洁。

在选择航拍环境时，最好选择大海、操场、沙滩、草地等环境，这些环境都能凸显主体。对于一些具有线条感的环境，我们也能利用，比如篮球场、跑道等环境，如图 13-2 所示。

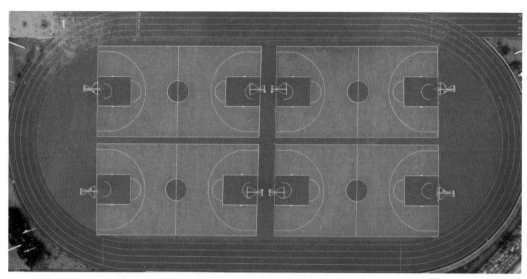

图 13-2　篮球场、跑道环境

3. 选择航拍的时机

在航拍人像的时候，对空气的能见度是有一定的要求的，如果天空中的雾霾比较重，那么画质就会变模糊，也不能突出主体。所以，在航拍人像的时候，最好选择晴朗的天气，这样人物在画面中会更清晰一些。

一天 24 小时，航拍人像最好的时间一般是在上午或者下午，因为中午的太阳光太强了，地面会过曝，从而影响照片或者视频的质感。图 13-3 所示为在上午航拍的人像照片，画面具有一定的光影层次感，明暗关系非常明确。

图 13-3　在上午航拍的人像照片

4. 拍照姿势会加分

当我们用手机或者相机拍摄人像的时候，重点主要是人物的表情。而对航拍来说，与近距离的拍摄不同，航拍会压缩人物，所以人物的姿势会影响画面内容的表达。合适的姿势在展现人物的状态和传递人物与环境的关系上，有着重要的作用。

如何摆姿势呢？对模特来说，尽量展开肢体，动作自然。模特也可以平躺在地面上，这样拍摄的姿势会更完整一些，如图 13-4 所示。

图 13-4　模特平躺在地面上

模特还可以面向无人机打招呼，这样画面会具有互动感，如图 13-5 所示。

图 13-5　模特可以面向无人机打招呼

除了拍照姿势，用户还可以利用一些道具，让画面更加自然，比如帽子、墨镜等装备。在航拍人像的时候，用户还需要提前与模特交流，设计好姿势和路线，因为在大部分时候，用户与模特都会离得比较远，交流会受到一定的影响。

5. 选择合适的构图

在航拍人像的时候，画面构图也非常重要。优秀的构图技巧，能为画面加分，也能展示环境与模特的关系，传递相应的情感。

在航拍人像的时候，比较常用的构图方式有三分法构图、二分法构图、中心构图、前景构图、斜线构图、对称式构图、对比构图和曲线式构图等。

图 13-6 所示为使用前景构图和斜线构图拍摄的画面，以草丛为前景，模特站在水陆分界斜线边上。图 13-7 所示为使用曲线构图拍摄的画面，弯弯曲曲的石桥构成了一条曲线，模特处于曲线前端，画面具有延伸感。

图 13-6　使用前景构图和斜线构图拍摄的画面

图 13-7　使用曲线构图拍摄的画面

077 使用 7 倍长焦拍摄照片

航拍人像的时候无人机通常在人物的上方，所以离人物有一定的距离，为了拍摄出清晰的人像，可以使用大疆 Mavic 3 Pro 中的长焦镜头拍摄。下面介绍具体的操作方法。

步骤01 选择"拍照"拍摄模式，❶ 点击对焦条上的 7× 按钮，实现 7 倍变焦；❷ 点击拍摄按钮⭕，如图 13-8 所示，拍摄照片。

图 13-8 点击拍摄按钮

步骤02 拍摄的人像照片效果如图 13-9 所示。在拍摄时，尽量让人物居中，这样可以突出主体；采用斜线构图，可以让画面不那么平庸。

图 13-9 人像照片效果

078　使用"渐远"模式航拍人像

扫码看教学视频

　　在航拍人像的时候，可以使用一键短片拍摄模式中的"渐远"模式拍摄人像视频，交代人物与其周围的环境。下面介绍具体的操作方法。

　　步骤01 在 DJI Fly App 的相机界面中，点击拍摄模式按钮▭，如图 13-10 所示。

图 13-10　点击拍摄模式按钮

　　步骤02 在弹出的面板中，❶ 选择"一键短片"选项；❷ 默认选择"渐远"拍摄模式；❸ 点击↙按钮，取消提示，如图 13-11 所示。

图 13-11　点击相应的按钮（1）

　　步骤03 在屏幕中点击人物身上的 按钮，如图 13-12 所示，设置人物为目标。

图 13-12　点击相应的按钮（2）

步骤 04 点击"距离"参数右侧的下拉按钮 ，❶ 设置飞行"距离"参数为 50m；
❷ 点击 Start（开始）按钮，如图 13-13 所示，执行操作后，无人机进行后退和拉高飞行，
拍摄任务完成后，无人机将自动返回起点。

图 13-13　点击 Start（开始）按钮

步骤 05 使用"渐远"模式拍摄的人像视频效果如图 13-14 所示。

图 13-14　使用"渐远"模式拍摄的人像视频效果

079　使用"冲天"模式航拍人像

一键短片中的"冲天"模式可以垂直90°朝下拍摄人物,画面更具冲击感。下面介绍具体的操作方法。

步骤01 在拍摄模式面板中,❶ 选择"一键短片"选项;❷ 选择"冲天"拍摄模式;❸ 在屏幕中点击人物身上的 按钮,如图13-15所示,设置人物为目标。

图13-15　点击相应的按钮

步骤02 点击"距离"参数右侧的下拉按钮 ,❶ 设置飞行高度为60m;❷ 点击Start(开始)按钮,如图13-16所示。执行操作后,无人机进行冲天飞行,拍摄任务完成后,无人机将自动返回起点。

图13-16　点击Start(开始)按钮

步骤03 使用"冲天"模式拍摄的人像视频效果如图13-17所示。

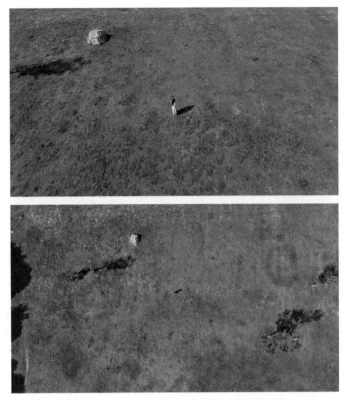

图 13-17　使用"冲天"模式拍摄的人像视频效果

080　使用"环绕"跟随模式航拍人像

当使用"环绕"跟随模式拍摄人像的时候，无人机会在跟随人物的过程中环绕飞行。下面介绍具体的操作方法。

步骤01　❶ 点击 3× 按钮，实现 3 倍变焦；❷ 框选人物作为目标；❸ 选择"环绕"模式；❹ 点击拍摄按钮，如图 13-18 所示。

图 13-18　点击拍摄按钮

步骤 02 ❶ 默认选择向右逆时针飞行；❷ 点击 GO 按钮，如图 13-19 所示。

图 13-19　点击 GO 按钮

步骤 03 无人机会在跟随人物的过程中，环绕人物飞行，视频效果如图 13-20 所示。

图 13-20　视频效果

081 使用俯视旋转下降镜头航拍人像

扫码看教学视频

当人物躺在草地上的时候，可以采用俯视旋转下降镜头航拍人物，由远及近地展示人物，画面更具有艺术感染力，如图 13-21 所示。

图 13-21 使用俯视旋转下降镜头航拍人像

拍摄方法如下：

调整云台俯仰拨轮至 90°，朝向地面，无人机在高处，用户左手向左下方推动左摇杆，让无人机慢慢旋转下降，拍摄人物。

第 14 章　街景航拍专题

　　生活在城市里，街景是大家比较熟悉和常见的航拍素材。特色的建筑、绚丽的城市夜景，都是我们需要注意的拍摄目标。用航拍的方式记录街景环境，可以表现其空间感和层次感，展现出更宏大的场景。在拍摄的时候，用户要善于利用高度、角度和构图，增加画面的美感和艺术感染力。本章将为大家介绍街景航拍的相应内容。

082 选择适合街景航拍的高度

在航拍街景的时候，无人机处于不同的高度，画面会有不同的张力。图 14-1 所示为无人机在 100m 左右的高空航拍到的场景，高高低低的建筑，层次感十足，也可以看见颜色鲜艳的操场在画面中刚好完全显现出来，可以作为点睛之笔。

图 14-1　无人机在 100m 左右的高空航拍到的场景

图 14-2 所示为无人机在 400m 左右的高空航拍到的场景，画面中的街景内容非常丰富，许多楼房都变成了一个小点，画面也比较宏大，让人忽略了细节，从而更加专注于整体的表达。

图 14-2　无人机在 400m 左右的高空航拍到的场景

当然，航拍街景也不是越高越好，要根据拍摄内容做取舍。如果场景比较杂乱，杂物比较多，可以低空航拍主体。总之，根据主体、背景和干扰选项做选择，来展现街景的特色。

083　选择街景航拍的最佳时间

在不同的时间航拍同一街景，所表现出来的氛围也是有区别的。比如，在雾天航拍街景，画面就比较模糊，街道建筑若隐若现，可以表现"雾中风景"的朦胧效果，如图 14-3 所示；在日出或者日落时刻航拍街景，这时候的光线比较柔和，可以最大化地表现场景，如图 14-4 所示；在冬天下雪之后航拍街景，白雪把街道都覆盖了，画面也会更加简洁，如图 14-5 所示。

图 14-3　在雾天航拍街景

图 14-4　在日落时刻航拍街景

图 14-5　在冬天下雪之后航拍街景

084　如何规避街景中的障碍物

街景的环境是比较复杂的，那么，如何规避街景中的障碍物，保证无人机的飞行安全呢？下面为大家介绍一些技巧。

① 提前查看天气。天气是影响航拍的一个因素，在街道高楼上空航拍，如果遇到大风、大雾等天气，不仅会影响航拍画面的质量，还会影响飞行的安全。因为在大雾天气，无法从图传屏幕中看到障碍物的位置，无人机的视觉避障系统也会失效。

② 找寻制高点。建议用户尽量在空旷和人少的地方飞行无人机，可以在楼顶的天台或者平坦的山顶起飞无人机。周围空旷的地方不会遮挡遥控器的信号，就算无人机遇到了障碍物，也能快速刹车暂停。如果信号不好，不能紧急刹车，那么无人机就会撞到障碍物。

③ 开启避障功能。如何开启无人机的避障功能呢？在本书的第 1 章就有详细的说明，大家可以前往查看学习。

④ 选择合适的飞行挡位。尽量使用平稳挡或者普通挡飞行无人机，因为在运动挡位下，无人机的避障功能是关闭的，飞行速度也比较快。对新手来说，在航拍街景的时候，可能不那么容易规避掉街景中的障碍物。在推动遥控器上摇杆的时候，推杆的幅度可以小一点，这样飞行速度也能平缓一些，飞行会更加安全。

⑤ 尽量让无人机飞高一点。无人机在街道中低空飞行，有建筑群、树木、高压线等障碍物的威胁，所以尽量把无人机飞高一点，也能保障无人机的飞行安全。

085　掌握街景航拍的构图技巧

在街道中，道路是必不可少的，在航拍街景的时候，可以利用道路进行线性构图。图 14-6 所示为使用线性构图航拍的街景照片，斜拍单条马路可以展现画面的纵深感，十字马路则能形成 X 形构图，画面会更有张力一些。

图 14-6　使用线性构图航拍的街景照片

086 使用广角全景拍摄开阔的街景

扫码看教学视频

广角全景照片比普通的照片画面更加宽广，在拍摄街景建筑的时候，能够展现更多的背景环境。图 14-7 所示为使用广角全景模式拍摄的街景照片，画面特别有气势。

图 14-7　使用广角全景模式拍摄的街景照片

下面介绍广角全景的具体拍法。

进入拍照模式界面，❶ 选择"全景"选项；❷ 选择"广角"全景模式；❸ 点击拍摄按钮◯，如图 14-8 所示，无人机即可拍摄并合成全景照片。

图 14-8　点击拍摄按钮

087　使用上升镜头拍摄街景

　　如何表现街景的层次感？上升镜头是一个非常好的选择。当无人机上升的时候，画面中的街景内容会越来越丰富，由于视觉差，画面也会越来越有层次感，如图 14-9 所示。

图 14-9　使用上升镜头拍摄街景

　　拍摄方法如下：

　　使无人机处于平拍的角度，用户左手向上推动左摇杆，让无人机慢慢地向上飞行，画面中的天空和地景上下平分，形成二分法构图。

088 使用俯视侧飞镜头拍摄街景

使无人机云台相机垂直 90° 朝向地面，再配合侧飞镜头，可以拍摄具有流动感的视频画面，这种镜头也很适合拍摄街景，如图 14-10 所示。

图 14-10 使用俯视侧飞镜头拍摄街景

拍摄方法如下：

调整云台俯仰拨轮至 90°，朝向地面，无人机在高处，利用街道形成对角线构图，用户右手向左上方推动右摇杆，让无人机慢慢向左上方侧飞，拍摄视频。

第 15 章　建筑航拍专题

　　对于高大的建筑，用鸟瞰视角来拍摄，可以呈现出不同寻常的画面。无人机可以多视角地拍摄气势恢宏的建筑，尤其是高楼大厦，航拍视角能展现出其高耸和立体的特点。在实际拍摄的过程中，可以用不同的运镜技巧来拍摄建筑视频，画面会更有冲击力。本章将为大家介绍航拍建筑的技巧。

扫码看教学视频

089 拍摄上升前进镜头

在开场的时候，拍摄上升前进镜头，可以交代大环境，还能慢慢地展示被摄对象，让建筑慢慢进入观众的视野中，如图 15-1 所示。

图 15-1　上升前进镜头

拍摄方法如下：

在拍摄这段镜头的时候，先降低无人机的飞行高度，然后右手向上推动右摇杆，让无人机前进飞行。与此同时，左手向上推左摇杆，让无人机向上飞行，实现上升前进的效果。

090 拍摄向右飞行镜头

向右飞行镜头可以用于慢慢展示被摄主体，利用建筑物做遮挡，让无人机在侧飞的时候，逐渐揭示主题，展示重点，如图 15-2 所示。

图 15-2　向右飞行镜头

拍摄方法如下：

在拍摄这段镜头的时候，先利用前景建筑做遮挡，然后右手向右推动右摇杆，让无人机向右飞行，展示主要的建筑。

091 拍摄俯视拉升镜头

在主要建筑展示出来之后，可以改变无人机的拍摄角度。利用建筑物的对称线，将相机镜头垂直90°朝下俯视，并且慢慢拉升，拍摄建筑的全景和远景，如图15-3所示。

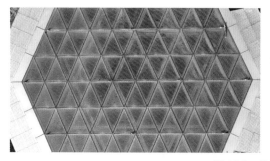

图 15-3 俯视拉升镜头

拍摄方法如下：

在拍摄这段镜头的时候，让无人机飞行到建筑物的正上方，拨动云台俯仰拨轮，让无人机相机云台垂直90°朝向地面。让无人机先靠近被摄对象，左手向上推动左摇杆，让无人机向上飞行，拍摄俯视拉升镜头。

092 拍摄前景揭示推镜头

利用建筑之间的距离，可以用建筑做前景，让无人机越过前景，揭示被摄主体，产生"柳暗花明又一村"的美感，如图15-4所示。

图 15-4 前景揭示推镜头

拍摄方法如下：

用户需要预判路线，确定无人机在前推之后，刚好拍摄到主体对象。在拍摄时，寻找合适的前景对象，先拍摄前景，然后右手向上推动右摇杆，使无人机慢慢地前飞，打杆时再往右舵加一点量，与前景保持合适的距离，并越过前景，拍摄主要的建筑。

093 拍摄近距离拉升镜头

对于高大的建筑，怎么拍出震撼感？"贴脸"近距离的拉升镜头，就能让观众产生身临其境之感，实现"坐跳楼机"的效果，如图 15-5 所示。

图 15-5　近距离拉升镜头

拍摄方法如下：

让无人机靠近并俯拍建筑，左手向上推动左摇杆，让无人机拉升拍摄。在拍摄时，用户需要预判无人机与建筑之间的距离，还需要保证信号稳定，避免无人机在拉升的时候炸机。

094 拍摄特写环绕镜头

利用大疆御 3 系列的长焦镜头，可以拍摄建筑的特写，并且慢慢环绕拍摄建筑。利用"近大远小"的视觉差，可以让画面更有压迫感，如图 15-6 所示。

图 15-6　特写环绕镜头

拍摄方法如下：

开启长焦镜头，左手向左推动左摇杆，右手向右推动右摇杆，让无人机逆时针环绕拍摄。

095 拍摄仰视侧飞镜头

大疆无人机除了可以 90° 垂直俯拍地面，最大还可以支持 35° 的仰角拍摄。用仰视侧飞镜头拍摄建筑物，能让视频画面具有代入感，如图 15-7 所示。

图 15-7 仰视侧飞镜头

拍摄方法如下：

拨动云台俯仰拨轮，让无人机相机云台仰拍建筑，右手向左推动右摇杆，让无人机向左飞行，进行侧飞拍摄。

096 拍摄多角度、多景别环绕镜头

对于高耸的建筑物，可以多角度拍摄，更全面地进行展示，也可以多景别拍摄，从近景到特写，展示更多建筑细节，如图 15-8 所示。

图 15-8　多角度、多景别环绕镜头

拍摄方法如下：

让无人机在建筑物的正面和侧面飞行，从中距离和近距离拍摄。左手向左推动左摇杆，右手向右推动右摇杆，让无人机逆时针环绕拍摄建筑。

097　拍摄上升推近环绕镜头

上升推近环绕镜头是指无人机从低到高环绕建筑物，在环绕的过程中，慢慢贴近建筑物，从而传达画面重点，如图 15-9 所示。

图 15-9　上升推近环绕镜头

拍摄方法如下：

左手向左上方推动左摇杆，右手向右上方推动右摇杆，让无人机上升环绕推近拍摄。

098　拍摄长焦侧飞镜头

运用长焦镜头，慢慢展现建筑物的细节，景别从远及近，更有层次感，如图 15-10 所示。

图 15-10　长焦侧飞镜头

拍摄方法如下：

开启长焦镜头，右手向右推动右摇杆，让无人机向右侧飞行，让建筑物慢慢入画。

099　拍摄后退拉升镜头

后退拉升镜头适合用在视频的结尾，让建筑物慢慢远离镜头，展现一个远景，宣告视频就要结束了，如图 15-11 所示。

图 15-11　后退拉升镜头

拍摄方法如下：

左手向上推动左摇杆，右手向下推动右摇杆，让无人机后退拉高飞行，拍摄远景。

第 16 章　公园航拍专题

大部分公园里的风景都是非常美的，高一点的阻挡物比较少，而且空气也很清新，非常适合航拍取景。公园的绿化范围也比较大，可以最大限度地展示自然环境，画面会更有生机感。本章将为大家介绍如何在公园进行航拍。

100 航拍公园风光的注意事项

公园是非常适合航拍的一个场景，但为了顺利地进行航拍，也需要掌握一些注意事项，来保障飞行。下面为大家介绍相应的内容。

1. 选对天气和时间

阴雨天是不适合出行的，如果在夏天，中午 12 点左右的时间也不适合航拍，因为天气太热了，可能会影响无人机的电池，因为电池过热会鼓包，鼓包之后会影响无人机的平衡，以及容易漏液爆炸，从而影响飞行。

晴天是非常适合外出航拍的，尤其是在有棉花云的天气，如图 16-1 所示，云朵有以虚衬实的作用。除此之外，晨曦和傍晚时分也是非常适合航拍的。

图 16-1 有棉花云的天气

2. 不要在人群上空飞行

公园里的人流量非常大，部分公园是禁止飞行无人机的。在非禁飞区的公园上空飞行无人机时，不要在人群上空飞行。尤其是不能让无人机低空飞行到人群中，这会极大地影响他人的出行，因为无人机的螺旋桨非常锋利，如果割伤了路人，会很危险。

在人群上空飞行，还有炸机砸伤路人的风险。如果无人机只是单纯地坠机，可能只是损失一架无人机，但是如果砸伤了人，那后果就非常严重了，尤其是从高空坠落砸到人的头部的话，后果不堪设想。

所以，千万不要拿自己和他人的生命安全做赌注，一定要让无人机远离人群，无忧飞行。学会远离人群，最好用长焦镜头拍摄人群。

3. 小心干扰源

公园里的树木比较多，用户在飞行的时候，需要注意无人机的避障状态，及时调整飞行路线，避免炸机。

尤其是通信基站和高压线，都会影响无人机的 GPS 信号。如果无人机没有 GPS 信号，对新手来说，就很容易炸机。在飞行的时候，用户不能只靠眼睛去观察，最好询问工作人员，了解周围的环境，如是不是禁飞区或者有无通信基站。因为这些因素，不是一眼就能看出来的。所以，在公园航拍，需要多留心。

4. 其他细节

如果在公园航拍的时候，天气发生了变化，比如有雷暴等天气，用户需要及时降落无人机，并做好防水工作；遇到大风天气，也需要及时让无人机返航，避免无人机被吹飞。

为了防止天气原因影响飞行，在航拍之前，最好提前查看天气预报。如在莉景天气 App 中，用户可以查看天气、晚霞和朝霞的概率、风力等级、云层云量等内容，为航拍出行提供参考，如图 16-2 所示。

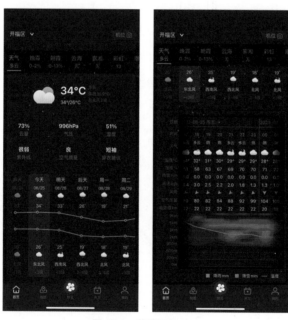

图 16-2　莉景天气 App

如果公园里有古建筑等文物，飞行时要小心并远离，避免损害文物。

在飞行时，用户也不能贪高和贪飞，最好留足无人机返航降落的电量。

101　借用前景拍摄公园风光

前景是位于主体与镜头之间的人或物，利用前景进行拍摄，可以烘托主体、装饰环境和平衡构图，从而增强画面的空间深度。图 16-3 所示为以树为前景航拍的公园风光照片，可以看到前景、中景和背景清晰，画面具有层次感。

图 16-3　借用前景拍摄公园风光

　　由于无人机航拍的高度比较高，像树木这种前景，可能不太好找，用户也可以利用建筑物为前景，拍摄公园风光。

102　使用对角线构图航拍风光

　　对角线构图是利用照片中的元素在画面中形成"对角线"，比如公园里的廊亭、栈道就能形成一条对角线，如图 16-4 所示。这种构图方法，可以表现物体的延伸感，让画面更简洁，具有几何美感。

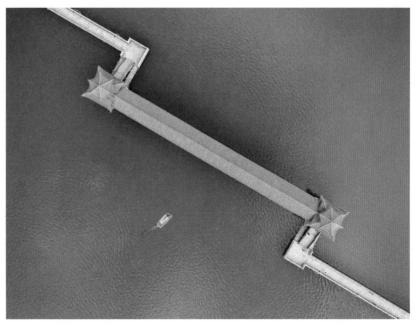

图 16-4

图 16-4　使用对角线构图航拍风光

103　使用 180° 全景航拍公园风光

扫码看教学视频

公园里的自然人文风光，单靠一张普通的航拍照片是容纳不全的，所以最好用全景照片的形式，将所有的美景都放进同一个画面里，航拍 180° 全景照片，就是最好的选择。下面介绍拍摄方法。

步骤01 进入拍照模式界面，❶ 选择"全景"选项；❷ 选择 180° 全景模式；❸ 点击拍摄按钮 ◯，如图 16-5 所示，无人机即可拍摄并合成全景照片。

图 16-5　点击拍摄按钮

步骤02 使用无人机拍摄的 180°公园全景照片效果如图 16-6。

图 16-6　180°公园全景照片效果

104　使用前进镜头航拍公园风光

扫码看教学视频

　　在使用前进镜头拍摄风光时，最好先确定拍摄的主体，在无人机前进飞行靠近主体对象的时候，可以慢慢地将观众带入到情境中，如图 16-7 所示。

图 16-7　使用前进镜头航拍公园风光

拍摄方法如下：

右手向前推动右摇杆，让无人机前进飞行。在构图上，可以选择二分法构图，将天空和地景一分为二。

105 使用后退镜头航拍公园风光

后退镜头可以使被摄对象由大变小，周围环境由小变大，这种镜头很适合用来交代主体与环境的关系，展现公园风光的全貌，如图 16-8 所示。

图 16-8 使用后退镜头航拍公园风光

拍摄方法如下：

右手向后推动右摇杆，让无人机后退飞行。

第 17 章　江景航拍专题

　　江边的风景，视野是非常开阔的，尤其是城市的江景，自然与人文相得益彰。船来船往，波澜壮阔，风景无边，美不胜收，尤其是在夜晚的时候，可以用无人机航拍万家灯火，展现繁华的城市景象。本章将为大家介绍江景航拍的相应技巧，帮助大家学会航拍江边的美景风光。

106 航拍江景的注意事项

在江面航拍，最需要注意的事项就是不要低空贴近水面飞行，因为在水面上，无人机的下视传感器及超声波传感器可能会失效，从而逐渐掉高，掉入水里。一旦无人机掉进江里，就很难寻回来了。所以，在江面飞行无人机的时候，尽量飞高一点。有条件的用户可以为云台相机镜头配备 CPL 偏振镜片，来过滤水面反光，如图 17-1 所示。

图 17-1　CPL 偏振镜片

江面上来来往往的船只很多，用户需要注意江面上的轮船或江边建筑等对图传信号的干扰，在保障自身安全飞行的同时，尽量不要影响他人。

用户还需要注意江面风向和风力的变化，在开阔的水面上，气流是不稳定的。如果遇到突发事件，尽量让无人机拉高飞行，并远离江面。

这些注意事项在湖泊、海边上空飞行也适用。

107 拍摄顺光和逆光江景照片

顺光也叫正面光，是指拍摄的方向与从太阳光照射过来的方向相同。在顺光光线下拍摄江景，影调是比较柔和的，可以真实地还原色彩。图 17-2 所示为在顺光光线下拍摄的江景照片，可以看到画面曝光比较正常，光线很均匀，细节也很清晰。

逆光，是指拍摄方向与太阳光照射的方向相反，被摄对象处于镜头与光源之间的位置。虽然逆光拍摄容易造成被摄对象曝光不充分，但是充分利用，也能产生不一样的艺术效果。图 17-3 所示为在逆光光线下拍摄的江景照片，画面的明暗对比比较明显，色彩有浓有淡，可以使被摄对象更加突出。

图 17-2　在顺光光线下拍摄的江景照片

图 17-3　在逆光光线下拍摄的江景照片

　　侧光主要是指光线照射过来的方向与拍摄方向呈 90°。使用侧光拍摄江景，可以使画面更加立体，也是比较符合观众的视觉习惯。

108 使用低空前飞镜头拍摄江面风光

扫码看教学视频

当江面反射了天空云霞的倒影之后，用户可以采用低空前飞的方式，拍摄水天一色的江面风光，让无人机越过前景，展示更加广阔的视野空间，如图17-4所示。

图17-4 使用低空前飞镜头拍摄江面风光

拍摄方法如下：

让无人机降低高度，右手向前推动右摇杆，让无人机前进飞行。在构图上，可以选择二分法构图，将天空和江景一分为二。

109 使用环绕前景镜头拍摄江面风光

扫码看教学视频

以江边的灯塔为前景，用环绕镜头拍摄，画面内容由江边转向开阔的江面，整个过程更有代入感，如图 17-5 所示。

图 17-5 使用环绕前景镜头拍摄江面风光

拍摄方法如下：

以灯塔为前景，左手向右推动左摇杆，右手向左推动右摇杆，让无人机顺时针环绕拍摄。

110　使用上升镜头航拍江边风光

扫码看教学视频

江边有许多建筑物，可以以建筑为前景，使用上升镜头航拍江边的风光，画面更具有运动感，如图 17-6 所示。

图 17-6　使用上升镜头航拍江边风光

拍摄方法如下：

让无人机飞到建筑物的前侧，在江边有货轮行驶过来的时候，左手向上推动左摇杆，让无人机上升飞行。

111　使用旋转镜头航拍江边夜景

　　旋转镜头是指无人机旋转机身拍摄的视频，使用 360° 旋转镜头，可以展示江边的夜景风光，所有景色一览无遗，如图 17-7 所示。

图 17-7　使用旋转镜头航拍江边夜景

　　拍摄方法如下：

　　左手向右推动左摇杆，让无人机旋转 360° 拍摄江边的夜景风光。

第 18 章　桥梁航拍专题

　　桥梁是比较常见的建筑，尤其是在有江、湖、海的城市，都会有造型多样的特色桥梁建筑。桥梁建筑一般具有强烈的线条感，用航拍的角度可以最大化地展示桥梁的美。不同角度、不同光线下的桥梁会有不同的美感，那么如何航拍桥梁？本章将带领大家掌握相应的航拍技巧。

112 航拍桥梁的注意事项

桥梁在我国是很常见的，不同形状的桥有不同的美，为了拍摄出桥梁的美，我们在拍摄之前需要注意哪些事项呢？下面为大家进行介绍。

1. 在飞行之前规划路线

在航拍之前，我们需要了解桥梁周围的环境，避免信号被遮挡或者出现其他突发事件。尤其要规划好飞行路线，避免起飞或者降落时不顺利，因为在起飞和降落的时候，无人机是飞得比较低的，如果没有规划好路线，很容易出现突发事件。

当无人机飞行在桥梁上空时，也需要按照规划好的路线飞行。因为无人机的电池电量是有限的，如果没有规划好路线，可能出现电池电量不够的情况，那么就会浪费时间和精力。所以，规划飞行路线是非常重要的。

2. 控制好飞行高度和速度

桥梁有一定的高度，在进行航拍的时候，用户需要控制好飞行的高度与速度，保证无人机的安全，切记不要飞得太猛，避免出现紧急刹车的情况。保持平稳的飞行速度，也能让无人机拍摄出来的画面更稳些，尤其是在航拍视频的时候，需要无人机匀速飞行。

3. 选择合适的时间与天气

航拍需要一定的光线环境，这样能保证画面的质量，建议用户在早晨或傍晚的时间进行拍摄，这样可以获得柔和的光线和丰富的色彩，如图 18-1 所示。尽量选择晴朗风小的时间拍摄，这样可以保证拍摄出来的画面更清晰和稳定。

图 18-1 早晨航拍桥梁

4. 选择合适的拍摄角度

在航拍桥梁的时候，可以多角度拍摄，比如俯拍、平拍和仰拍等，这样可以拍摄出桥梁不同角度的美，也可以避免观者审美疲劳。

5. 注意飞行安全

在桥梁周围航拍的时候，一定要注意飞行安全。因为桥梁附近的钢铁建筑会形成一定的磁场，会影响无人机的 GPS 信号。用户需要尽量保持无人机的图传信号稳定，万一出现问题，用户一定要保持冷静，让无人机上升并飞到附近无建筑物的区域，先稳定信号，然后再让其返航。

在桥梁上面低空飞行的时候，需要注意周围的障碍物，因为桥梁上会有很多车辆，如图 18-2 所示，万一无人机炸机坠下，后果不堪设想。所以，最好保持无人机与桥梁的安全距离。

图 18-2　桥梁上会有很多车辆

113　使用对称构图拍摄桥梁

桥梁具有结构美，尤其是具有对称美，在拍摄桥梁的时候，可以采用对称构图进行拍摄。图 18-3 所示为使用对称构图拍摄的福元路跨江大桥局部，我们可以看到，桥梁左右对称，画面具有规整美，平衡又稳定。

　　除了左右对称构图，还可以使用上下构图拍摄桥梁，如图18-4所示，桥梁与水面上的倒影，刚好形成上下对称构图，画面具有镜像美。

图 18-3　使用对称构图拍摄的福元路跨江大桥局部

图 18-4　使用上下构图拍摄桥梁

114 使用 180° 全景拍摄桥梁侧面

桥梁具有延展性，运用 180° 全景的方式拍摄桥梁侧面，可以把桥梁的形状全部展示出来，还能交代桥梁周围的环境，如图 18-5 所示。

这种拍摄方法适合拍摄具有对称感的桥梁，需要无人机在对称中心进行航拍。

图 18-5 180°全景桥梁照片

下面介绍 180° 全景照片的具体拍法。

进入拍照模式界面，❶ 选择"全景"选项；❷ 选择 180° 全景模式；❸ 点击拍摄按钮⬭，如图 18-6 所示，无人机即可拍摄并合成全景照片。

图 18-6 点击拍摄按钮

115 使用长焦跟随侧飞拍摄车流

扫码看教学视频

大疆 Mavic 3 Pro 有 7 倍变焦功能，用户可以不用靠近被摄对象，就能实现近距离拍摄，让画面内容更具生活感。下面介绍具体的拍摄方法。

步骤01 ❶ 点击 7× 按钮，实现 7 倍变焦效果；❷ 点击拍摄按钮 ⚫，如图 18-7 所示，向左推动右摇杆，让无人机跟随车流，向左侧飞。

图 18-7　点击拍摄按钮

步骤02 使用长焦跟随侧飞拍摄车流的视频效果如图 18-8 所示，长焦镜头下的画面更具压迫感。

图 18-8　视频效果

116 竖拍桥梁正面全景

扫码看教学视频

除了使用 180° 全景拍摄桥梁的侧面，我们还能使用竖拍拍摄桥梁的正面全景，展现桥梁的纵深感和空间感。图 18-9 所示为两张竖拍全景桥梁照片，在竖拍构图下的桥梁，更具有吸引力。

图 18-9　竖拍全景桥梁照片

下面介绍具体的拍摄方法。

进入拍照模式界面，❶ 选择"全景"选项；❷ 选择"竖拍"全景模式；❸ 点击拍摄按钮◯，如图 18-10 所示，无人机即可拍摄并合成全景照片。

图 18-10　点击拍摄按钮

117　使用侧飞 + 上升镜头拍摄桥梁

扫码看教学视频

使用侧飞 + 上升镜头可以多角度地展示桥梁，以及其周围的环境，慢慢地展现主体，画面更有循序渐进感，让观众更易接受，如图 18-11 所示。

图 18-11　使用侧飞 + 上升镜头拍摄桥梁

拍摄方法如下：

　　先让无人机低飞至桥梁的下方，然后用右手推动右摇杆，让无人机向左侧飞，穿出桥洞；之后用左手向上推动左摇杆，让无人机慢慢地上升飞行，展示桥梁。在构图时，可以采用斜线构图技巧，让画面具有纵深感。

118 使用侧飞 + 后退拉升镜头交代环境

从桥梁的侧面航拍，可以展示桥梁的对称美，这时可以采用侧飞 + 后退拉升镜头拍摄视频，由近及远地交代桥梁周围的环境，如图 18-12 所示。

图 18-12　使用侧飞 + 后退拉升镜头交代环境

拍摄方法如下：

先让无人机贴近桥梁，处于桥梁的一侧；然后用右手向左推动右摇杆，让无人机向左侧飞至桥梁中间的位置；再用右手向下推动右摇杆，让无人机慢慢地后退飞行，同时抬升云台，让无人机后退一段距离，远离桥梁，展示大环境。

119　使用环绕镜头拍摄桥梁

扫码看教学视频

　　桥梁作为一个主体，我们可以采用环绕的方式拍摄，让无人机围绕桥梁飞行，画面更具动感，如图 18-13 所示。

图 18-13　使用环绕镜头拍摄桥梁

　　拍摄方法如下：

　　右手向右推动右摇杆，同时左手向左推动左摇杆，让无人机围绕桥梁进行逆时针飞行。在打杆的时候，保证无人机匀速飞行。

120 使用俯视下降镜头拍摄桥梁夜景

为了多角度展示桥梁的美，可以使用上帝视角拍摄，云台垂直90° 朝下拍摄桥梁。如使用俯视下降镜头拍摄夜景桥梁，可以展示桥梁不一样的美，如图18-14所示。

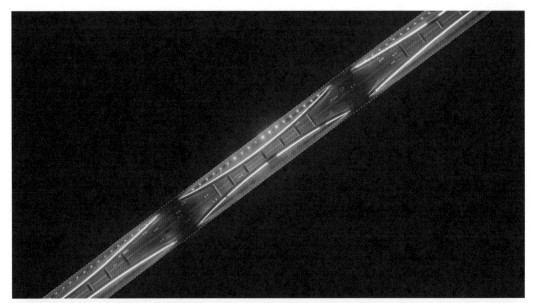

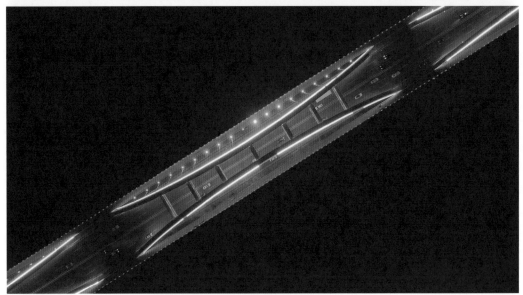

图 18-14 使用俯视下降镜头拍摄桥梁夜景

拍摄方法如下：

调整云台俯仰拨轮至90°，朝向地面，左手向下推动左摇杆，让无人机慢慢下降。在拍摄的时候，可以采用对角线构图技巧，展示桥梁的形态美。

121 使用轨迹延时模式拍摄桥梁车流

扫码看教学视频

运用轨迹延时功能，可以拍摄出一段上升延时视频，无人机自下而上，记录桥上来来往往的车辆，视频效果如图 18-15 所示。

图 18-15 视频效果

拍摄方法如下。

步骤01 在拍摄模式面板中，❶ 选择"延时摄影"选项；❷ 选择"轨迹延时"拍摄模式；❸ 点击 按钮，取消提示，如图 18-16 所示。

图 18-16   点击相应的按钮（1）

步骤 02 点击"请设置取景点"右侧的下拉按钮✔，如图 18-17 所示。

图 18-17   点击下拉按钮

步骤 03 弹出相应的面板，点击 **╋** 按钮，设置无人机飞行轨迹的起幅点，如图 18-18 所示。

步骤 04 左手向下推动左摇杆，让无人机下降飞行一段距离，点击 **╋** 按钮，继续添加取景点，如图 18-19 所示。

步骤 05 继续下降无人机，❶ 点击 **╋** 按钮，设置无人机飞行轨迹的落幅点；❷ 点击右侧的更多按钮，如图 18-20 所示。

图 18-18 点击相应的按钮（2）

图 18-19 点击相应的按钮（3）

图 18-20 点击更多按钮

步骤06 ❶ 设置"拍摄顺序"为"逆序"、"视频时长"参数为6s；❷ 点击拍摄按钮 ⬤，如图18-21所示。

图18-21　点击拍摄按钮

步骤07 无人机沿着轨迹逆序飞行拍摄序列照片，拍摄完成后，无人机会合成延时视频，弹出"视频合成完毕"提示，如图18-22所示。

图18-22　弹出"视频合成完毕"提示

第19章 日出晚霞专题

　　对航拍来说，光线最好的时刻就是日出和日落前后一小时，这也是拍摄日出和晚霞最好的时刻。霞是日出和日落前后，阳光通过厚厚的大气层，被大量的空气分子散射的结果。空中的尘埃、水汽等杂质越多，其色彩越显著。如果有云层，云块也会被染上橙红艳丽的颜色。本章将为大家介绍如何拍摄日出晚霞。

122 提前踩点和查看天气预报

航拍日出和晚霞，最不能少的步骤就是提前踩点拍摄地点和查看天气预报。

一张好的照片和一段精美的视频离不开好的机位，无人机的电量有限，只有预先了解拍摄地点，规划好拍摄位置和飞行路线，才能精准把握，拍摄出美丽的日出和晚霞。

日出时刻的朝霞和日落时分的晚霞，并不是每天都会有，它们显现的时间也是有限的，一般存在几十分钟就消失了。所以，要学会提前查看天气预报，根据天气预报判断朝霞和晚霞的出现概率。黎明时刻和黄昏时分是航拍云霞的最好时间，在这个时段，云彩会有绚烂的色彩，拍出的画面极具冲击力，如图 19-1 所示。

图 19-1 云彩会有绚烂的色彩

在城市中航拍日出和晚霞，可以利用一些建筑物，如高楼、古建筑或特色建筑做前景，它们可以与云彩形成对比，增强画面的吸引力。

如果在自然环境中航拍日出和晚霞，那么利用山川、湖泊和树木，可以让画面更加立体，具有层次感。在有条件的环境，还可以将人或者动物作为主体，航拍日出或者晚霞，让画面更有生机和趣味。

123 调整相机的曝光与白平衡

相机与肉眼所看到的画面是有差异的，相机拍摄出来的云霞，可能显得比较灰。为了给后期更多的调整空间，我们在拍摄时，可以通过手动模式调整曝光，试着让画面稍微曝一点，这样可以保留更多的细节信息。

如果色彩的饱和度不够，我们还能手动设置相机的白平衡参数来改变色温。在日出和日落时刻，天空一般都呈暖色调，我们可以提高白平衡参数，来让画面偏暖黄色。如果在蓝调时刻拍摄，就可稍微降低一点白平衡参数，让画面偏蓝调。

为了给后期留足更多的操作空间，建议用户在拍摄照片的时候，保存为 RAW 格式，在拍摄视频的时候，保存为 D-Log 格式。

如果用户有无人机的滤镜套装，也可以给相机镜头换上滤镜拍摄，不过装上滤镜之后，用户还需要手动进行对焦拍摄。

124　以固定机位拍摄日出延时视频

在日出时分，让无人机在城市上空找准机位，悬停于空中，拍摄延时视频，然后让无人机慢慢从建筑后面"爬升"上来，记录日出时刻，如图 19-2 所示。

图 19-2　以固定机位拍摄日出延时视频

拍摄方法如下：

在"自由延时"模式下，让无人机拍摄一段 12s 的延时视频。

125 使用环绕镜头拍摄江边日落

扫码看教学视频

以桥梁为主体，让无人机环绕桥梁拍摄江边的日落，金黄色的光线照射在江面和橙色的桥梁建筑上，熠熠生辉，如图 19-3 所示。

图 19-3 使用环绕镜头拍摄江边日落

拍摄方法如下：

让无人机飞升至桥梁的一侧，左手向右推动左摇杆，右手向左推动右摇杆，让无人机顺时针环绕至桥梁的另一侧。

126　使用向左飞行镜头拍摄晚霞

扫码看教学视频

　　桥梁具有延展性，在拍摄晚霞的时候，使用向左飞行镜头拍摄，可以让画面具有流动感，桥梁的紫色灯光与绚烂的晚霞相呼应，画面会更有冲击力，如图 19-4 所示。

图 19-4　使用向左飞行镜头拍摄晚霞

　　拍摄方法如下：

　　让无人机飞升至桥梁侧面的一侧，右手向左推动右摇杆，让无人机向左飞行，展示桥梁与晚霞。

127 使用定向延时模式拍摄晚霞

为了让视频画面不那么平庸，可以用定向延时模式拍摄晚霞，让视频更
具动感。下面介绍具体拍法。

步骤 01 在 DJI Fly App 的相机界面中，点击右侧的拍摄模式按钮□，在弹出的面
板中，❶选择"延时摄影"选项；❷选择"定向延时"拍摄模式，点击▣按钮，取消
提示；❸点击🔒按钮，锁定航线，如图 19-5 所示。

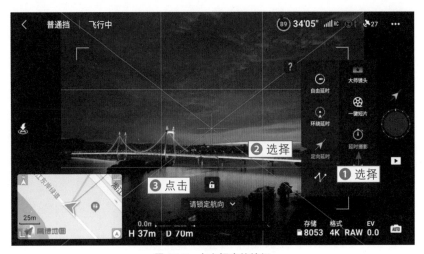

图 19-5 点击相应的按钮

步骤 02 点击下拉按钮▽，默认"拍摄间隔"为 2s，❶设置"视频时长"为 8s、"速
度"参数为 0.8m/s；❷点击拍摄按钮◯，如图 19-6 所示。

图 19-6 点击拍摄按钮

步骤 03 无人机开始拍摄序列照片，照片拍摄完成并合成后，弹出"视频合成完毕"
提示，如图 19-7 所示。

图 19-7　弹出"视频合成完毕"提示

步骤04 下面来欣赏拍摄好的定向延时晚霞视频，效果如图 19-8 所示。

图 19-8　定向延时晚霞视频效果

第 20 章　夜景车轨专题

　　城市的夜景是很美的，建筑在夜晚的灯光照射下会变得绚丽多彩。夜景车轨是无人机航拍中的一个难点，稍微把握不好就拍不出理想的画质，昏暗的光线容易导致画面黑乎乎的，而且噪点还非常多。那么，如何才能稳稳地拍出绚丽的城市夜景和车轨呢？接下来我们开始学习夜景车轨航拍的内容。

128　提前踩点与观察周围环境

在夜间用无人机航拍的时候，光线的影响是比较大的。当无人机飞到空中的时候，你只看得到无人机的指示灯一闪一闪的，其他的什么也看不见。而且，夜间由于环境光线不足，无人机的视觉系统及避障功能会受影响，在 DJI Fly App 相机界面中会弹出"环境光线过暗，视觉系统及避障失效，请注意飞行安全"的提示，如图 20-1 所示。

图 20-1　弹出相应的提示

因此，一定要在白天提前踩点，对拍摄地点进行检查，观察上空是否有电线或者其他障碍物，以免造成无人机坠毁，因为晚上的高空环境肉眼是看不见的。如果环境光线过暗，可以适当调整云台相机的 ISO（感光度）和光圈值，来提高图传画面的亮度。

★ 特别提示 ★

在夜间飞行无人机的时候，无人机的视觉系统及避障功能会受到影响，不能正常工作，如果能通过调整 ISO 参数来提高画面的亮度，这样也能更清楚地看清周围的环境。但是，用户在拍摄照片前，一定要将 ISO 参数再调整回来，调整为正常曝光状态，以免拍摄的照片出现过曝的情况。

129　设置前机臂灯模式便于拍摄

在默认情况下，飞行器前机臂灯显示为红灯。在夜间拍摄时，前机臂灯对画质有干扰和影响，所以我们在夜间拍摄照片或视频的时候，一定要把前机臂灯关闭。在 DJI Fly App 的"安全"界面中，设置"前机臂灯"为"自动"模式，如图 20-2 所示，这样无人机的相机拍摄的过程中就会熄灭前机臂灯，保障拍摄的效果。

图 20-2　设置"前机臂灯"为"自动"模式

130　借用人造灯光拍摄夜景照片

在城市航拍夜景，需要借助人造灯光，这样才能拍出灯火璀璨的画面。在城市里，像广告灯、建筑楼房的灯光、路灯、车灯在夜间发出的光，就是人造灯光。这些灯光能为航拍提供足够的光线，让画面更有层次感。

图 20-3 所示就是借用人造灯光拍摄的夜景照片，灯火阑珊，非常迷人。

图 20-3　借用人造灯光拍摄的夜景照片

131 设置参数拍摄车流光轨照片

在繁华的大街上，如果想拍出汽车的光影运动轨迹，主要是通过延长曝光时间，使汽车的轨迹形成光影线条的美感。下面介绍拍摄车流光轨照片的方法。

步骤01 进入 DJI Fly App 相机界面，点击右下角的 AUTO（自动）按钮，切换至 PRO（专业）模式，点击 PRO 按钮右侧的拍摄参数，在弹出的面板中，❶ 设置 ISO 参数为 100、"快门"速度为 5s、"光圈"参数为 5.6；❷ 点击拍摄按钮，拍摄照片，如图 20-4 所示。这样拍摄时间会比较长，用户还可以使用连拍模式进行拍摄，成功的概率会更高。

图 20-4 点击拍摄按钮

步骤02 执行操作后，即可拍摄车流光轨照片，效果如图 20-5 所示。

图 20-5 车流光轨照片

185

132　使用上升后退镜头拍摄夜景风光

当游轮驶向远处时，无人机在江面上空，使用上升后退镜头拍摄风光，可以展现流光溢彩的长沙夜景，如图 20-6 所示。

图 20-6　使用上升后退镜头拍摄夜景风光

拍摄方法如下：

左手向上推动左摇杆，让无人机上升飞行，然后右手向下推动右摇杆，让无人机后退飞行，并逐渐拉高。

133　用轨迹延时模式拍摄车流夜景

扫码看教学视频

在夜晚拍摄车流的时候，可以在轨迹延时模式下，让无人机进行后退拉高，拍摄动态的延时视频。下面介绍具体拍法。

步骤01 在 DJI Fly App 的相机界面中，点击右侧的拍摄模式按钮▢，在弹出的面板中，❶ 选择"延时摄影"选项；❷ 选择"轨迹延时"拍摄模式，点击🎞按钮，取消提示；❸ 点击下拉按钮⌄，如图 20-7 所示。

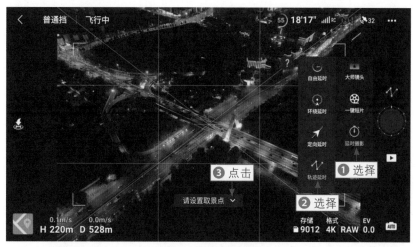

图 20-7　点击下拉按钮

步骤02 点击➕按钮，设置无人机轨迹飞行的起幅点，如图 20-8 所示。

图 20-8　点击相应的按钮（1）

步骤03 让无人机前进和下降飞行一段距离和高度，调整俯仰角度，点击➕按钮，添加取景点，再前进下降飞行一段距离和高度，调整俯仰角度后，点击➕按钮，添加落幅点，如图 20-9 所示。

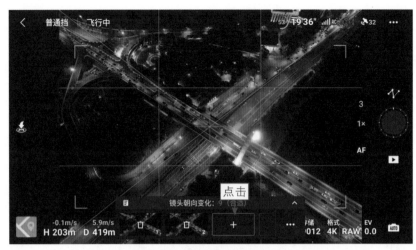

图 20-9　点击相应的按钮（2）

步骤04 点击更多按钮⋯，❶ 设置"拍摄顺序"为"逆序"，保持"拍摄间隔"和"视频时长"参数的默认设置；❷ 点击拍摄按钮，如图 20-10 所示，拍摄完成后，无人机会自动合成延时视频。

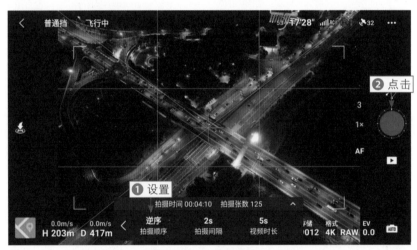

图 20-10　点击拍摄按钮

步骤05 下面欣赏拍摄好的轨迹延时车流视频，效果如图 20-11 所示。

图 20-11　轨迹延时车流视频效果

【后期制作篇】

第 21 章　使用醒图处理航拍照片

　　醒图 App 是一款功能强大的后期修图 App，无论是编辑航拍照片，还是进行调色，都十分方便。其中不仅有各种各样的滤镜，还可以添加文字和贴纸，为照片的美化增加了更多可能性。本章主要介绍如何在醒图 App 中处理航拍照片，让你拍摄的照片更加惊艳。

134 裁剪照片

扫码看教学视频

【效果对比】：利用醒图中的构图功能可以对图片进行裁剪、旋转和校正处理。下面为大家介绍如何裁剪航拍照片，改变照片的构图。原图与效果图对比如图 21-1 所示。

图 21-1　原图与效果图对比

裁剪照片的操作方法如下。

步骤01 打开醒图 App，点击"导入"按钮，如图 21-2 所示。

步骤02 在"全部照片"选项卡中选择一张航拍照片，如图 21-3 所示。

图 21-2　点击"导入"按钮

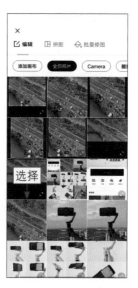

图 21-3　选择一张照片

步骤03 进入醒图的图片编辑界面，❶ 切换至"调节"选项卡；❷ 选择"构图"选项，如图 21-4 所示。

步骤04 ❶ 选择"正方形"选项，更改图片比例；❷ 点击"还原"按钮，如图21-5所示。

图 21-4　选择"构图"选项

图 21-5　点击"还原"按钮

步骤05 复原比例，❶ 选择9∶16选项，更改比例；❷ 并调整照片的位置，让车子处于画面中间的位置；❸ 点击 ✔ 按钮，确定构图，如图21-6所示。

步骤06 预览效果，可以看到照片最终变成竖屏样式，裁剪了不需要的画面，还展示了更细节的画面内容，点击保存按钮 ↓，将照片保存至相册中，如图21-7所示。

图 21-6　点击相应的按钮

图 21-7　点击保存按钮

★ 特别提示 ★

除了选定比例样式裁剪照片，还可以拖曳裁剪边框进行裁剪构图。

135 使用滤镜进行调色

扫码看教学视频

【效果对比】：为了让照片更有大片感，通过在醒图 App 中添加相应的电影级滤镜，就可以实现一键提升照片质感。原图与效果图对比如图 21-8 所示。

图 21-8 原图与效果图对比

使用滤镜进行调色的操作方法如下。

步骤01 在醒图 App 中导入照片素材，❶ 切换至"滤镜"选项卡；❷ 在"电影"选项卡中选择"疯狂的 Max"滤镜，进行初步调色，如图 21-9 所示。

步骤02 ❶ 切换至"调节"选项卡；❷ 设置"曝光"参数为 18，稍微提亮画面，如图 21-10 所示。

步骤03 设置"对比度"参数为 17，增强画面的明暗对比，如图 21-11 所示。

图 21-9 选择"疯狂的 Max"滤镜   图 21-10 设置"曝光"参数   图 21-11 设置"对比度"参数

步骤04 设置"高光"参数为 22，提高天空和白云的亮度，如图 21-12 所示。

步骤 05 设置"色温"参数为 -18，让画面偏冷色调，如图 21-13 所示。

图 21-12 设置"高光"参数

图 21-13 设置"色温"参数

步骤 06 选择 HSL 选项，如图 21-14 所示。

步骤 07 ❶ 在 HSL 面板中选择蓝色选项◎；❷ 设置"饱和度"参数为 57，让蓝色的天空色彩更加鲜艳，如图 21-15 所示。

图 21-14 选择 HSL 选项

图 21-15 设置"饱和度"参数

136　智能优化与调整曝光

扫码看教学视频

【效果对比】：在白天航拍的时候，由于太阳光线较亮，画面可能会过曝，导致画面变成灰白色，这时可以进行智能优化与调整曝光，增加照片的细节，提升质感。原图与效果图对比如图 21-16 所示。

图 21-16　原图与效果图对比

智能优化与调整曝光的操作方法如下。

步骤 01　在醒图 App 中导入照片素材，❶ 切换至"调节"选项卡；❷ 选择"智能优化"选项，优化照片画面，如图 21-17 所示。

步骤 02　设置"光感"参数为 -21，稍微降低画面亮度，如图 21-18 所示。

步骤 03　设置"亮度"参数为 -14，继续降低画面亮度，如图 21-19 所示。

图 21-17　选择"智能优化"选项　　图 21-18　设置"光感"参数　　图 21-19　设置"亮度"参数

步骤 04　设置"自然饱和度"参数为 100，让画面色彩变得鲜艳一些，如图 21-20 所示。

步骤 **05** 设置"色温"参数为 -23，让画面偏冷色调，如图 21-21 所示。

图 21-20　设置"自然饱和度"参数　　　　图 21-21　设置"色温"参数

步骤 **06** 设置"阴影"参数为 -21，让画面的暗部变得暗一点，增加层次感，如图 21-22 所示。

步骤 **07** 设置"对比度"参数为 17，增强画面的明暗对比，提升照片的质感，如图 21-23 所示。

图 21-22　设置"阴影"参数　　　　图 21-23　设置"对比度"参数

137 局部调整与消除路人

扫码看教学视频

【效果对比】：通过局部调整能够提高局部的亮度，比如把天空部分提亮，让画面具有明暗对比。如果航拍照片中出现了路人，可以用醒图 App 中的"消除笔"功能，消除路人，原图与效果图对比如图 21-24 所示。

图 21-24　原图与效果图对比

局部调整与消除路人的操作方法如下。

步骤01 在醒图 App 中导入照片素材，❶ 切换至"调节"选项卡；❷ 选择"局部调整"选项，如图 21-25 所示。

步骤02 进入"局部调整"界面，弹出相应的操作步骤提示，如图 21-26 所示。

步骤03 ❶ 点击画面中天空右侧的位置，添加一个点；❷ 向右拖曳滑块，设置"亮度"参数为 34，提高天空的亮度，如图 21-27 所示。

图 21-25　选择"局部调整"选项　　图 21-26　弹出操作步骤提示　　图 21-27　设置"亮度"参数

步骤04 ❶ 选择"效果范围"选项；❷ 设置该参数值为 100，增加局部调整的作用范围，如图 21-28 所示，点击✓按钮。

步骤05 设置"对比度"参数为 36，增强画面的明暗对比，让画面变清晰一些，如图 21-29 所示。

图 21-28　设置"效果范围"参数

图 21-29　设置"对比度"参数

步骤06 设置"自然饱和度"参数为 100，让画面色彩变得鲜艳一些，如图 21-30 所示。

步骤07 设置"色调"参数为 -46，为画面增加绿色调，如图 21-31 所示。

图 21-30　设置"自然饱和度"参数

图 21-31　设置"色调"参数

步骤08 ❶ 切换至"人像"选项卡；❷ 选择"消除笔"选项，如图 21-32 所示。

步骤09 ❶ 设置"大小"参数为 12；❷ 放大画面，涂抹路人，如图 21-33 所示。

步骤10 继续放大画面，涂抹路人，直至消除所有的路人，如图 21-34 所示，最后点击 ✓ 按钮并保存照片。

 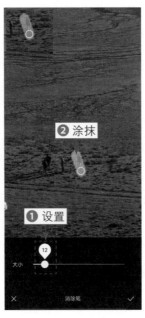 

图 21-32　选择"消除笔"选项　　　图 21-33　涂抹路人　　　图 21-34　消除所有的路人

138　给照片添加文字和贴纸

扫码看教学视频

【效果对比】：醒图 App 里的文字和贴纸样式非常丰富，除此之外，还可以通过关键词添加贴纸，添加文字和贴纸能够点明主题，增加图片的趣味性。原图与效果图对比如图 21-35 所示。

图 21-35　原图与效果图对比

给照片添加文字和贴纸的操作方法如下。

步骤01 在醒图 App 中导入照片素材，切换至"文字"选项卡，如图 21-36 所示。

步骤02 ❶ 在"标题"选项卡中选择文字模板；❷ 双击文字，如图21-37所示。

步骤03 ❶ 更改文字内容；❷ 在"字体" | "手写"选项卡中选择字体；❸ 放大文字，如图21-38所示。

图21-36 切换至"文字"选项卡

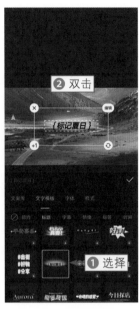

图21-37 双击文字

图21-38 放大文字

步骤04 点击✓按钮，切换至"贴纸"选项卡，如图21-39所示，。

步骤05 ❶ 输入并搜索"横图边框"；❷ 在搜索结果中选择一款贴纸；❸ 调整贴纸的大小和位置，如图21-40所示。

图21-39 切换至"贴纸"选项卡

图21-40 调整贴纸的大小和位置

139 套用模板一键出图

扫码看教学视频

【效果对比】：醒图 App 中有很多模板，有滤镜调色、文字、贴纸和排版模板，一键就能套用，出图非常方便。在醒图 App 中套用模板的方法也有很多，本案例将介绍 3 种套用模板的方法。原图与效果图对比如图 21-41 所示。

图 21-41　原图与效果图对比

套用模板一键出图的操作方法如下。

步骤01　打开醒图 App，在"修图"界面中选择"PLOG 记录这个夏天"板块，如图 21-42 所示。

步骤02　在"Plog 记录这个夏天"界面中选择一款模板，如图 21-43 所示。

图 21-42　选择"PLOG 记录这个夏天"板块

图 21-43　选择一款模板

步骤03　进入相应的界面，点击右下角的"去使用 3035"按钮，如图 21-44 所示。

步骤04 在"全部照片"界面中，选择相应的照片素材，如图21-45所示。

图21-44　点击"去使用3035"按钮

图21-45　选择一张照片

步骤05 套用模板，查看画面效果，点击▉按钮，如图21-46所示。

步骤06 回到"修图"界面，点击搜索栏，如图21-47所示。

步骤07 ❶输入并搜索"大片感"；❷点击所选模板下方的"使用"按钮，如图21-48所示。

图21-46　点击相应的按钮

图21-47　点击搜索栏

图21-48　点击"使用"按钮

步骤08 在"全部照片"界面中，选择相应的照片素材，如图21-49所示。

步骤09 即可套用文字与滤镜模板，如图21-50所示，点击▉按钮回到"修图"界面。

步骤10 导入照片素材，自动进入"模板"选项卡，❶ 在"热门"选项卡中选择一款模板；❷ 删除英文并调整文字的位置；❸ 点击保存按钮 ↓，如图 21-51 所示，保存模板照片。

图 21-49　选择相应的照片素材

图 21-50　套用文字与滤镜模板

图 21-51　点击保存按钮

140　批量修图与拼图制作

扫码看教学视频

【效果对比】：对于同一场景、光线下，使用同一设备航拍的多张照片，可以使用醒图 App 中的批量修图功能一键修图并导出多张照片素材。再导入多张图片实现多图拼接，制作高级感拼图，让多张照片可以同时出现在一个画面中。原图与效果图对比如图 21-52 所示。

图 21-52　原图与效果图对比

批量修图与拼图制作的操作方法如下。

步骤01 打开醒图 App，点击"批量修图"按钮，如图 21-53 所示。

步骤02 ❶ 在"全部照片"选项卡中选择两张航拍照片；❷ 点击"完成"按钮，如图 21-54 所示。

图 21-53　点击"批量修图"按钮

图 21-54　点击"完成"按钮

步骤03 ❶ 切换至"调节"选项卡；❷ 设置"对比度"参数为 68，让画面变清晰一些，如图 21-55 所示。

步骤04 设置"自然饱和度"参数为 100，让画面色彩更加鲜艳，如图 21-56 所示。

图 21-55　设置"对比度"参数

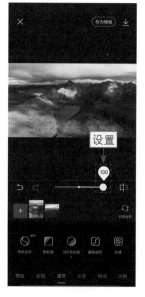

图 21-56　设置"自然饱和度"参数

步骤 **05** ❶ 设置"色调"参数为 -39,让画面偏绿调;❷ 点击"应用全部"按钮,把调节效果应用到所有的照片中,如图 21-57 所示。

步骤 **06** ❶ 选择另一张照片素材;❷ 设置"光感"参数为 56,提亮画面;❸ 点击保存按钮⤓,如图 21-58 所示,将调好色的两张照片保存至相册中。

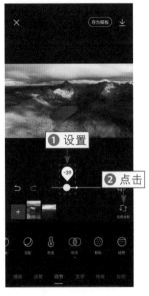

图 21-57 点击"应用全部"按钮

图 21-58 点击保存按钮

步骤 **07** 在"修图"界面中点击"拼图"按钮,如图 21-59 所示。

步骤 **08** ❶ 选择两张调好色的航拍照片;❷ 点击"完成"按钮,如图 21-60 所示。

步骤 **09** ❶ 在"拼图"选项卡中选择 1∶1 选项;❷ 选择一个样式,如图 21-61 所示。

图 21-59 点击"拼图"按钮

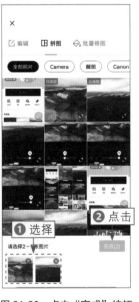

图 21-60 点击"完成"按钮

图 21-61 选择一个样式

第 22 章　使用剪映处理航拍视频

　　剪映 App 是一款非常火爆的视频剪辑软件，大部分抖音用户都会用其剪辑视频。本章主要介绍如何在剪映手机版中进行剪辑处理、变速处理、倒放处理、添加文字效果等操作，帮助大家在学会用无人机航拍之后，还能学会在手机中剪辑视频，快速制作出成品视频，并让视频具有大片感！

141 对视频进行剪辑处理

扫码看教学视频

【效果展示】：在剪映 App 中导入航拍视频之后，就可以用剪辑功能对视频进行剪辑处理了，只留下自己想要的片段。效果展示如图 22-1 所示。

图 22-1 效果展示

对视频进行剪辑处理的操作方法如下。

步骤01 在手机中下载好剪映 App，点击剪映图标，如图 22-2 所示。

步骤02 在"剪辑"界面中点击"开始创作"按钮，如图 22-3 所示。

步骤03 ❶ 在"照片视频"界面中选择视频素材；❷ 选中"高清"复选框；❸ 点击"添加"按钮，如图 22-4 所示，把视频素材导入到剪映 App 中。

图 22-2 点击剪映图标　　图 22-3 点击"开始创作"按钮　　图 22-4 点击"添加"按钮

步骤04 ❶ 选择视频素材；❷ 拖曳时间轴至视频 2s 左右的位置；❸ 点击"分割"按钮，如图 22-5 所示，分割视频。

步骤 05 ❶ 选择分割后的第1段视频片段；❷ 点击"删除"按钮，如图22-6所示。

步骤 06 删除多余片段，剪辑视频的时长，点击▥按钮，进入预览界面如图22-7所示。

图22-5 点击"分割"按钮

图22-6 点击"删除"按钮

图22-7 点击相应的按钮（1）

步骤 07 在预览界面，点击▷按钮，如图22-8所示，播放视频。

步骤 08 播放完成后，点击▥按钮，如图22-9所示，退出预览界面。

步骤 09 点击右上角的"导出"按钮，如图22-10所示，导出成品视频。

图22-8 点击相应的按钮（2）

图22-9 点击相应的按钮（3）

图22-10 点击"导出"按钮

142 为视频添加背景音乐

扫码看教学视频

【画面效果展示】：背景音乐是航拍视频中必不可少的，能为视频增加亮点。剪映曲库中的音乐类型多样，歌曲非常丰富。为视频添加合适的背景音乐，能让视频更加精彩。画面效果展示如图 22-11 所示。

图 22-11 画面效果展示

为视频添加背景音乐的操作方法如下。

步骤 01 在剪映中导入视频素材，在视频起始位置点击"音频"按钮，如图 22-12 所示。

步骤 02 在弹出的二级工具栏中点击"音乐"按钮，如图 22-13 所示。

步骤 03 在"音乐"界面中选择"抖音"选项，如图 22-14 所示。

图 22-12 点击"音频"按钮　　图 22-13 点击"音乐"按钮　　图 22-14 选择"抖音"选项

步骤 04 ❶ 在"抖音"界面中选择一首歌曲进行试听；❷ 点击音乐右侧的"使用"按钮，如图 22-15 所示，添加背景音乐。

步骤 05 ❶ 选择音频素材；❷ 在视频的末尾位置点击"分割"按钮，如图 22-16 所示。

步骤 06 分割音频素材之后，默认选择分割后的第 2 段音频素材，点击"删除"按钮，如图 22-17 所示，删除多余的音频。

图 22-15 点击"使用"按钮

图 22-16 点击"分割"按钮

图 22-17 点击"删除"按钮

步骤 07 ❶ 选择音频素材；❷ 点击"淡化"按钮，如图 22-18 所示。

步骤 08 设置"淡出时长"参数为 2s，如图 22-19 所示，让音乐结束得更加自然。

图 22-18 点击"淡化"按钮

图 22-19 设置"淡出时长"参数

143 对视频进行变速处理

扫码看教学视频

【效果展示】：剪映中的曲线变速功能可以让视频的播放速度忽快忽慢，后期再通过添加卡点音乐，就能制作出变速卡点视频。效果展示如图 22-20 所示。

图 22-20　效果展示

对视频进行变速处理的操作方法如下。

步骤 01　在剪映中导入视频素材，在视频起始位置点击"音频"按钮，如图 22-21 所示。

步骤 02　在弹出的二级工具栏中点击"音乐"按钮，如图 22-22 所示。

步骤 03　❶ 在搜索栏中输入并搜索"降速旋律"；❷ 在"音乐"界面中点击所选音乐右侧的"使用"按钮，如图 22-23 所示，添加背景音乐。

图 22-21　点击"音频"按钮　　图 22-22　点击"音乐"按钮　　图 22-23　点击"使用"按钮

步骤 04　❶ 选择视频素材；❷ 点击"变速"按钮，如图 22-24 所示。

步骤 05　在弹出的二级工具栏中点击"曲线变速"按钮，如图 22-25 所示。

步骤 06　在弹出的面板中选择"自定"选项并点击"点击编辑"按钮，如图 22-26 所示。

图 22-24　点击"变速"按钮

图 22-25　点击"曲线变速"按钮

图 22-26　点击"点击编辑"按钮

步骤07 在第 1 个和第 2 个变速点中间点击"添加点"按钮，如图 22-27 所示，添加点。同理，在第 2 个和第 3 个变速点中间、在第 3 个和第 4 个变速点中间、在第 4 个和第 5 个变速点中间都添加点。

步骤08 把第 2 个变速点往下拖至"速度"参数为 0.1× 的位置，如图 22-28 所示，同理，剩下的偶数值变速点都是往下拖至"速度"参数为 0.1× 的位置。

图 22-27　点击"添加点"按钮

图 22-28　往下拖曳变速点

211

步骤09 把第1个变速点往上拖至"速度"参数为 5.0× 的位置，如图 22-29 所示。

步骤10 同理，剩下的奇数值变速点都是往上拖曳至"速度"参数为 5.0× 的位置，如图 22-30 所示，点击✅按钮。

步骤11 ❶ 选择音频素材；❷ 在视频末尾位置点击"分割"按钮，分割音频素材；❸ 默认选择第2段音频素材，点击"删除"按钮，如图 22-31 所示，删除多余的音频素材。

图 22-29　往上拖曳变速点（1）

图 22-30　往上拖曳变速点（2）

图 22-31　点击"删除"按钮

144　对视频进行倒放处理

扫码看教学视频

【效果展示】：剪映中的倒放功能可以让视频倒放，比如让前行的车子后退行驶，从而实现时光倒流的效果。效果展示如图 22-32 所示。

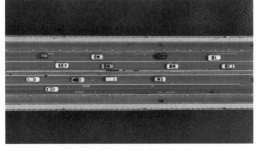
图 22-32　效果展示

对视频进行倒放处理的操作方法如下。

步骤 01 在剪映中导入视频素材，❶ 选择素材；❷ 点击"倒放"按钮，如图 22-33 所示。

步骤 02 稍等片刻，弹出"倒放完成"提示，如图 22-34 所示。

步骤 03 在视频起始位置依次点击"音频"按钮和"音乐"按钮，如图 22-35 所示。

 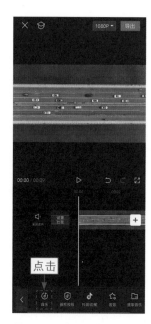

图 22-33　点击"倒放"按钮　　　图 22-34　弹出"倒放完成"提示　　　图 22-35　点击"音乐"按钮

步骤 04 在"音乐"界面中选择"纯音乐"选项，如图 22-36 所示。

步骤 05 ❶ 选择合适的音乐；❷ 点击右侧的"使用"按钮，如图 22-37 所示。

步骤 06 添加背景音乐之后，分割并删除多余的音频素材，如图 22-38 所示。

图 22-36　选择"纯音乐"选项　　　图 22-37　点击"使用"按钮　　　图 22-38　分割并删除多余的音频素材

145   调整视频色彩与色调

扫码看教学视频

【效果对比】：如果前期航拍的视频画面色彩不是很好看，可以在剪映中调整视频的色彩与色调，让画面看起来更靓丽，调色前后效果对比如图 22-39 所示。

图 22-39   调色前后效果对比

调整视频色彩与色调的操作方法如下。

步骤01 在剪映 App 中导入视频素材，❶ 选择视频素材；❷ 点击"滤镜"按钮，如图 22-40 所示。

步骤02 ❶ 切换至"风景"选项卡；❷ 选择"仲夏"滤镜，初步调色，如图 22-41 所示。

步骤03 ❶ 切换至"调节"选项卡；❷ 设置"亮度"参数为 9，提高视频画面的亮度，如图 22-42 所示。

图 22-40   点击"滤镜"按钮   图 22-41   选择"仲夏"滤镜   图 22-42   设置"亮度"参数

步骤04 设置"色温"参数为 -17，让画面偏冷色调，如图 22-43 所示。

步骤05 设置"饱和度"参数为 19，让画面色彩更加鲜艳，如图 22-44 所示。

图 22-43 设置"色温"参数

图 22-44 设置"饱和度"参数

146 为视频添加酷炫特效

扫码看教学视频

【效果展示】：为视频添加炫酷的变色特效，可以改变视频画面的季节，把夏天变成秋天。效果展示如图 22-45 所示。

图 22-45 效果展示

为视频添加酷炫特效的操作方法如下。

步骤01 在剪映中导入视频素材，在视频起始位置点击"特效"按钮，如图 22-46 所示。

步骤02 在弹出的二级工具栏中点击"画面特效"按钮，如图 22-47 所示。

步骤03 ❶ 切换至"基础"选项卡；❷ 选择"变秋天"特效；❸ 点击✅按钮，如图 22-48 所示，添加炫酷的变色特效。

图 22-46　点击"特效"按钮　　图 22-47　点击"画面特效"按钮（1）　图 22-48　点击相应的按钮（1）

步骤 04 调整"变秋天"特效的持续时长，使其与视频的时长一致，如图 22-49 所示。

步骤 05 在视频 1s 画面开始变黄的位置点击"画面特效"按钮，如图 22-50 所示。

图 22-49　调整"变秋天"特效的持续时长　　　　图 22-50　点击"画面特效"按钮（2）

步骤 06 ❶ 切换至"自然"选项卡；❷ 选择"落叶"特效；❸ 点击✅按钮，如图 22-51 所示，添加落叶飘下的特效。

步骤 07 调整"落叶"特效的持续时长，使其与视频的时长一致，如图 22-52 所示。

图 22-51　点击相应的按钮（2）

图 22-52　调整"落叶"特效的持续时长

147　为视频添加文字效果

【效果展示】：为了让视频主题更加突出，让观众理解视频内容，可以在剪映中为视频添加文字效果，突出视频的主题。效果展示如图 22-53 所示。

扫码看教学视频

图 22-53　效果展示

为视频添加文字效果的操作方法如下。

步骤 01　在剪映中导入视频素材，在视频起始位置点击"文字"按钮，如图 22-54 所示。

步骤 02　在弹出的二级工具栏中点击"文字模板"按钮，如图 22-55 所示。

步骤 03　❶ 切换至"片头标题"选项卡；❷ 选择一款文字模板；❸ 更改文字内容，如图 22-56 所示，添加背景音乐。

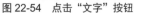

图 22-54　点击"文字"按钮

图 22-55　点击"文字模板"按钮

图 22-56　更改文字内容

步骤04 ❶ 点击⒈按钮；❷ 继续更改文字内容；❸ 调整文字的大小；❹ 点击✔按钮，如图 22-57 所示。

步骤05 调整文字的持续时长，使其与视频的时长一致，如图 22-58 所示。

图 22-57　点击相应的按钮

图 22-58　调整文字的持续时长

第 23 章　使用 Photoshop 精修照片

　　要想让航拍的摄影作品更加优秀，不仅需要画面构图讲究、色彩丰富，还需要对航拍的照片进行后期修饰与美化，通过 Photoshop 可以对航拍的风光照片进行后期处理，从而完善照片，使其更加精美。本章主要介绍使用 Photoshop 修出质感照片的方法，希望大家熟练掌握本章的内容。

148 对照片进行裁剪操作

【效果对比】：在 Photoshop 中，用户可以使用裁剪工具对照片进行裁剪，重新定义画布的大小，由此来重新定义整张照片的构图，操作也比较简单。原图与裁剪后的图片对比如图 23-1 所示。

图 23-1　原图与裁剪后的图片对比

对照片进行裁剪操作的方法如下。

步骤01 选择"文件"|"打开"命令，如图 23-2 所示。

步骤02 在 Photoshop 中打开一幅素材图像，如图 23-3 所示。

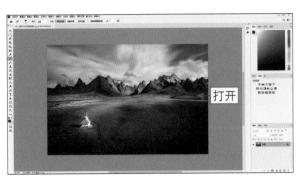

图 23-2　选择"打开"命令　　　　图 23-3　在 Photoshop 中打开一幅素材图像

步骤03 ❶ 在工具箱中，选取"裁剪工具" ；❷ 设置裁剪比例为 2：3，如图 23-4 所示。

步骤04 此时，照片边缘会显示一个变换控制框，❶ 调整控制框的位置，确定需要剪裁的区域；❷ 单击 ✓ 按钮，如图 23-5 所示，确认裁剪。

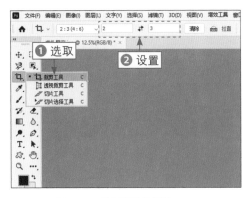

图 23-4 设置裁剪比例为 2：3　　　　　　图 23-5 单击相应的按钮

149　调整亮度、对比度与饱和度

【效果对比】：由于光线问题，有时航拍照片的画面较暗，色彩也不够鲜艳，此时需要调整照片的亮度和对比度，并通过提高饱和度来调整照片的色彩。原图与效果图对比如图 23-6 所示。

图 23-6 原图与效果图对比

调整亮度、对比度与饱和度的方法如下。

步骤01 选择"文件"｜"打开"命令，打开一幅素材图像。在菜单栏中，选择"图像"｜"调整"｜"亮度/对比度"命令，如图 23-7 所示。

步骤02 弹出"亮度/对比度"对话框，❶ 设置"亮度"参数为 30、"对比度"参数为 50；❷ 单击"确定"按钮，如图 23-8 所示，提高画面亮度，增强明暗对比，让画面更清晰。

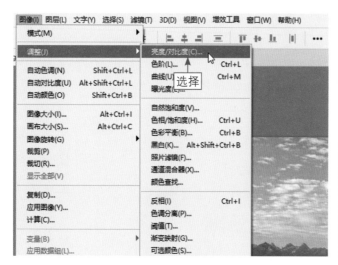

图 23-7　选择"亮度/对比度"命令　　　　　　图 23-8　单击"确定"按钮（1）

步骤 03 选择"图像"|"调整"|"自然饱和度"命令，如图 23-9 所示。

步骤 04 弹出"自然饱和度"对话框，❶ 设置"自然饱和度"参数为 80、"饱和度"参数为 10；❷ 单击"确定"按钮，如图 23-10 所示，让色彩更加明亮和鲜艳，提升照片质感。

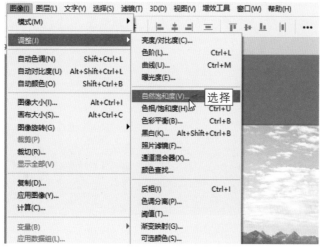

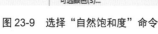

图 23-9　选择"自然饱和度"命令　　　　　　图 23-10　单击"确定"按钮（2）

★ 特别提示 ★

使用"自然饱和度"参数可以调整图像整体的明亮程度，使用"饱和度"参数可以调整图像颜色的鲜艳程度。

150　使用曲线功能调整照片色调

扫码看教学视频

【效果对比】：曲线功能是一个强大的图像校正命令，该命令可以在图像的整个色调范围内调整，还可以在个别颜色通道内进行精确的调整。原图与效果图对比如图 23-11 所示。

图 23-11　原图与效果图对比

使用曲线功能调整照片色调的操作方法如下。

步骤 01 选择"文件"|"打开"命令，打开一幅素材图像，按【Ctrl+J】组合键，复制"背景"图层，即可得到"图层 1"图层，如图 23-12 所示。

步骤 02 单击面板底部的"创建新的填充或调整图层"按钮◐，在弹出的列表中选择"曲线"选项，如图 23-13 所示。

图 23-12　得到"图层 1"图层

图 23-13　选择"曲线"选项

步骤 03 新建"曲线 1"调整图层，如图 23-14 所示。

步骤 04 在"属性"面板中，❶ 选择"蓝"曲线；❷ 设置"输入"参数为 107、"输出"参数为 187，调整照片的色彩，让画面偏蓝色，如图 23-15 所示。

图 23-14　新建"曲线 1"调整图层

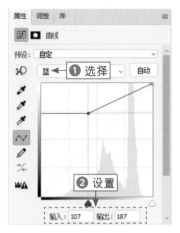

图 23-15　设置相应的参数

151　调整照片的色彩与层次感

扫码看教学视频

【效果对比】：如果照片画面比较灰暗，色彩感不强，层次也不够明朗，后期在 Photoshop 中可以还原出层次分明的风光美景。原图与调整后的效果图对比如图 23-16 所示。

图 23-16　原图与调整后的效果对比

调整照片的色彩与层次感的操作方法如下。

步骤 01 打开素材图像，按【Ctrl+J】组合键，得到"图层 1"图层，如图 23-17 所示。

图 23-17　得到"图层 1"图层

步骤 02 新建"亮度／对比度1"调整图层，设置"亮度"参数为20、"对比度"参数为70，提升画面曝光和明暗对比度，如图23-18所示。

图23-18　设置相应的参数（1）

步骤 03 新建"色阶1"调整图层，设置黑、灰、白3个滑块的参数依次为40、0.90、255，如图23-19所示，让画面变清晰一些。

图23-19　设置相应的参数（2）

步骤 04 新建"自然饱和度1"调整图层，设置"自然饱和度"参数为35、"饱和度"参数为10，让画面色彩更加鲜艳，如图23-20所示。

图23-20　设置相应的参数（3）

步骤 05 按【Ctrl+Shift+Alt+E】组合键，盖印可见图层，得到"图层 2"图层，如图 23-21 所示。

图 23-21 得到"图层 2"图层

步骤 06 在菜单栏中，选择"滤镜"|"其他"|"高反差保留"命令，弹出"高反差保留"对话框，❶ 在其中设置"半径"参数为 7；❷ 单击"确定"按钮，如图 23-22 所示。

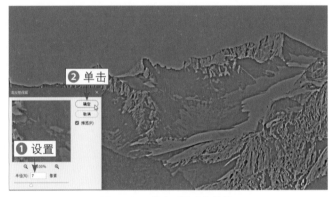

图 23-22 单击"确定"按钮

步骤 07 设置"图层 2"的"混合模式"为"柔光"、"不透明度"为 70%，如图 23-23 所示，即可调整照片的色彩与层次感。

图 23-23 设置"图层 2"的相应参数

152　使用 ACR 调整照片的颜色

扫码看教学视频

【效果对比】：ACR（Adobe Camera Raw）专门用于调整照片的色彩与
影调风格。原图与效果图对比如图 23-24 所示。

图 23-24　原图与效果图对比

使用 ACR 调整照片颜色的操作方法如下。

步骤01 选择"文件"｜"打开"命令，打开一幅 DNG 格式的素材图像，进入
Camera Raw 窗口。在"基本"选项区中，保持"色温"参数和"色调"参数默认设置，
设置"曝光"参数为 0.25、"对比度"参数为 48、"高光"参数为 35、"阴影"参数
为 11、"白色"参数为 21、"去除薄雾"参数为 26、"自然饱和度"参数为 23、"饱
和度"参数为 4，调整照片的色彩，提升质感，如图 23-25 所示。

图 23-25　设置相应的参数（1）

步骤 02 打开"混色器"选项区，设置"红色"的"饱和度"参数为 71、"橙色"的"饱和度"参数为 100，让橙红色更加鲜艳，如图 23-26 所示，单击"打开"按钮，保存照片。

图 23-26　设置相应的参数（2）

★ 特别提示 ★

HSL 代表色相、饱和度和亮度，它可以把调整亮度或色调等操作变得简单。

153　去除照片中的杂物或水印

扫码看教学视频

【效果对比】：在 Photoshop 中，使用污点修复画面工具可以快速去除照片中的污点与杂物，还可以轻松去除照片上的水印，让照片画面更加干净。原图与效果图对比如图 23-27 所示。

图 23-27　原图与效果图对比

去除照片中的杂物或水印的操作方法如下。

步骤01 选择"文件"|"打开"命令，打开一幅素材图像，在工具箱中，选取污点修复画笔工具 ，在需要修复的图像区域，按住鼠标左键进行涂抹，如图23-28所示。

图23-28　按住鼠标左键涂抹

步骤02 释放鼠标左键后，即可对涂抹的区域进行修复。之后用与上面相同的方法，对照片中的其他部分进行修复操作，如图23-29所示。

图23-29　对照片中的其他部分进行修复操作

★ 特别提示 ★

在Photoshop中，使用"填充"功能也可以快速去除照片中的污点与杂物，修复后的照片画面更加干净。那么，如何使用"填充"功能呢？方法很简单，首先选取矩形选框工具，在需要修复的图像区域，单击鼠标左键并拖曳，创建一个选区，在选区内单击鼠标右键，在弹出的快捷菜单中选择"填充"命令，弹出"填充"对话框，设置"内容"为"内容识别"，单击"确定"按钮，即可修复照片中的杂物。

154　给照片四周添加暗角效果

扫码看教学视频

【效果对比】：为航拍的照片添加暗角效果，可以使画面更加立体，还能使画面中的主体更加突出。原图与效果图对比如图 23-30 所示。

图 23-30　原图与效果图对比

给照片四周添加暗角效果的操作方法如下。

选择"文件"|"打开"命令，打开一幅素材图像。在菜单栏中，选择"滤镜"|"Camera Raw 滤镜"命令，打开 Camera Raw 窗口。在"效果"选项区中设置"晕影"参数为 -100，即可给照片添加暗角效果，使画面中的主体更加突出，如图 23-31 所示。

图 23-31　设置"晕影"参数

第 24 章　使用 Premiere 剪辑视频

　　Adobe Premiere Pro（简称 PR）拥有强大的特效功能，可以满足用户更高的视频制作需求。只要用户掌握好软件的使用方法和操作技巧，基本就能制作出想要的视频效果。本章将为大家介绍如何使用 Premiere 剪辑航拍视频，满足计算机端用户的后期处理需求。

155 剪辑与导出视频片段

【效果展示】：在 Premiere 中，用户可以通过文件夹来导入素材，剪辑完成之后，再导出成品视频。效果展示如图 24-1 所示。

图 24-1 效果展示

剪辑与导出视频片段的方法如下。

步骤 01 新建一个项目文件，选择"文件"|"导入"命令，如图 24-2 所示。

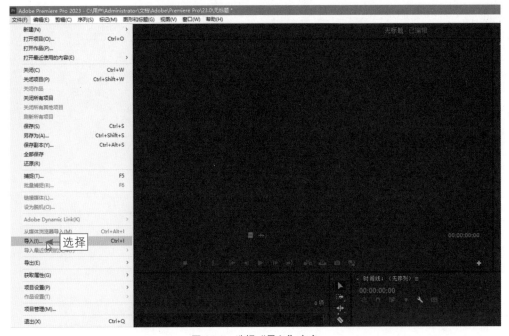

图 24-2 选择"导入"命令

步骤 02 弹出"导入"对话框，❶ 选择相应的视频素材；❷ 单击"打开"按钮，如图 24-3 所示。

步骤 03 执行操作后，即可在"项目"面板中导入素材，通过拖曳的方式，将它拖曳至"时间线"面板中，如图 24-4 所示。

步骤 04 将素材的时长调整为 00:00:9:14，并调整其在轨道中的位置，如图 24-5 所示。

图 24-3 单击"打开"按钮

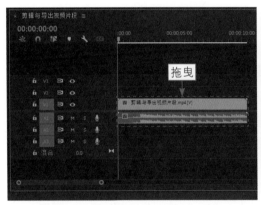

图 24-4 拖曳素材至"时间线"面板中

图 24-5 调整素材的时长及其在轨道中的位置

步骤05 ❶ 单击"快速导出"按钮▲；❷ 在弹出的面板中单击"文件名和位置"下方的蓝色超链接，如图 24-6 所示。

步骤06 ❶ 在弹出的对话框中设置保存位置；❷ 单击"保存"按钮，如图 24-7 所示。

图 24-6 单击蓝色超链接

图 24-7 单击"保存"按钮

步骤07 返回"快速导出"面板，❶ 单击"预设"下方的下拉按钮▼；❷ 在弹出的下拉列表中选择"高品质 1080p HD"选项，如图 24-8 所示。

步骤08 单击"导出"按钮，如图 24-9 所示，即可导出视频。

图 24-8　选择"高品质 1080p HD"选项

图 24-9　单击"导出"按钮

156　设置视频的播放速度

扫码看教学视频

【效果展示】：每一个素材都具有特定的播放速度，用户可以通过调整视频素材的播放速度来制作快镜头或慢镜头视频效果。效果展示如图 24-10 所示。

图 24-10　效果展示

设置视频播放速度的方法如下。

步骤 01 打开一个项目文件，❶ 在 V1 轨道的视频素材上单击鼠标右键；❷ 在弹出的快捷菜单中选择"取消链接"命令，如图 24-11 所示，将音频独立出来。

步骤 02 ❶ 继续在 V1 轨道的视频素材上单击鼠标右键；❷ 在弹出的快捷菜单中选择"速度 / 持续时间"命令，如图 24-12 所示。

图 24-11　选择"取消链接"命令

图 24-12　选择"速度 / 持续时间"命令

步骤 03 弹出"剪辑速度 / 持续时间"对话框，❶ 设置"速度"参数为 50%；❷ 单击"确定"按钮，如图 24-13 所示，即可将视频的播放速度调慢。

步骤 04 将视频的时长调整为与音频的时长一致，删除黑屏画面，如图 24-14 所示。

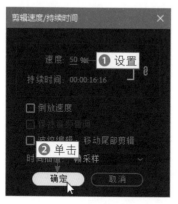

图 24-13　单击"确定"按钮

图 24-14　调整视频的时长

157　调节视频的色彩色调

扫码看教学视频

【效果对比】：在"Lumetri 颜色"面板中有一个"基本校正"选项，用户可以根据需要调整视频的色温、色彩、亮度、对比度及饱和度等，使制作的视频画面色彩更加明亮和好看。原图与效果图对比如图 24-15 所示。

图 24-15　原图与效果图对比

调节视频色彩色调的操作方法如下。

步骤01 打开一个项目文件，选择视频素材，❶ 单击"工作区"按钮▦；❷ 在弹出的列表中选择"颜色"选项，如图 24-16 所示，即可展开"Lumetri 颜色"面板。

图 24-16　选择"颜色"选项

步骤02 在面板中选择"基本校正"选项，将该选项区展开，如图 24-17 所示。

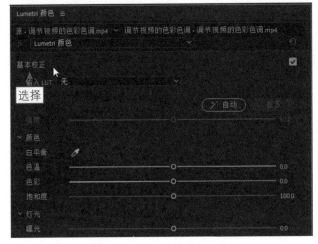

图 24-17　选择"基本校正"选项

步骤03 在"基本校正"选项区中，设置"色温"参数为-7.4、"色彩"参数为-28.6、"饱和度"参数为122.2、"曝光"参数为0.3、"对比度"参数为18.0、"阴影"参数为-7.9、"白色"参数为-5.8、"黑色"参数为6.3，调整画面的明度和色彩，让画面更好看，如图24-18所示。

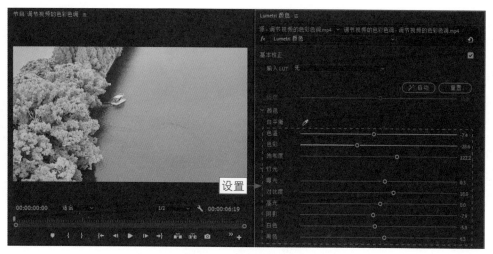

图24-18　设置相应的参数

★ 特别提示 ★

在"基本校正"选项区中设置参数时，用户可以通过拖曳滑块来设置相应的参数；也可以单击相应参数右侧的数字，使其变成可编辑状态，输入具体的数值，进行调节；还可以单击"自动"按钮，系统会根据素材情况自动设置部分参数，用户可以在此基础上再进行调整，让视频画面更符合需求。

158　为视频添加标题字幕

扫码看教学视频

【效果展示】：在Premiere中，可以为视频添加标题字幕。水平字幕是指沿水平方向进行分布的字幕类型，用户可以使用字幕工具中的文字工具进行创建，添加水平标题字幕。效果展示如图24-19所示。

图24-19　效果展示

为视频添加标题字幕的操作方法如下。

步骤01 打开一个项目文件，将视频素材拖曳至"时间线"面板中，如图 24-20 所示。

步骤02 在"编辑"面板中，❶ 切换至"文本"|"字幕"选项卡；❷ 单击"创建新字幕轨"按钮，如图 24-21 所示。

图 24-20　拖曳素材至"时间线"面板中　　　图 24-21　单击"创建新字幕轨"按钮

步骤03 执行操作后，弹出"新字幕轨道"对话框，保持默认设置，单击"确定"按钮，如图 24-22 所示，即可新建一个字幕。

★ 特别提示 ★

在 Premiere Pro 2023 的"基本图形"面板中，用户可以设置文本的字体、字体粗细与大小、字体位置、字距、行距、对齐方式、填充、描边、背景及阴影等属性。

步骤04 选取文字工具 **T**，在"节目监视器"面板中单击鼠标左键，即可创建一个图形文本框，如图 24-23 所示。

图 24-22　单击"确定"按钮　　　　　图 24-23　创建一个图形文本框

步骤05 ❶ 输入"人间仙境"；❷ 在右侧的"文本"选项区中设置字体、文字大小为 151；❸ 单击"居中对齐文本"按钮 ，如图 24-24 所示，即可完成字幕的编辑。

图24-24　单击"居中对齐文本"按钮

步骤06 调整字幕的持续时间，使其与视频的时长保持一致，如图24-25所示。

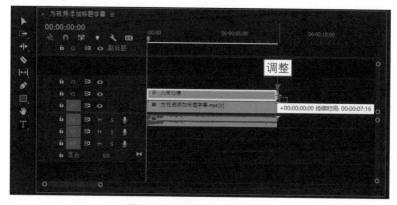

图24-25　调整字幕的持续时间

159　为视频添加背景音乐

扫码看教学视频

【画面效果展示】：在Adobe Premiere Pro 2023中，用户可以将背景音乐从视频中分离出来，并添加新的音频，将其与视频组合。画面效果展示如图24-26所示。

图24-26　画面效果展示

为视频添加背景音乐的操作方法如下。

步骤01 打开一个项目文件，如图 24-27 所示。

步骤02 将两段素材按顺序拖曳至 V1 轨道上，如图 24-28 所示。

图 24-27　打开一个项目文件

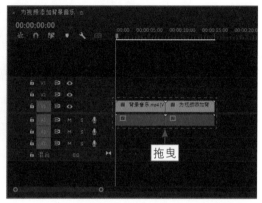

图 24-28　将两段素材按顺序拖曳至 V1 轨道上

步骤03 ❶ 在第 1 段素材上单击鼠标右键；❷ 在弹出的快捷菜单中选择"取消链接"命令，如图 24-29 所示，将视频与音频分离。

步骤04 用与上面相同的方法，将第 2 段素材的视频与音频进行分离，如图 24-30 所示。

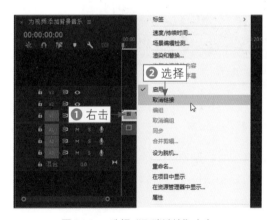

图 24-29　选择"取消链接"命令

图 24-30　将第 2 段素材的视频与音频进行分离

步骤05 选择 A1 轨道中的第 2 段音频，选择"编辑"|"清除"命令，如图 24-31 所示，将其删除。用同样的方法，将 V1 轨道中的第 1 段视频清除。

步骤06 将 V1 轨道中的视频拖曳至与 A1 轨道上的音频对齐，即可为视频添加其他视频中的音乐，同时选中音频和视频，❶ 在音频或视频的任意位置单击鼠标右键；❷ 在弹出的快捷菜单中选择"链接"命令，如图 24-32 所示，将视频和音频进行组合。

★ 特别提示 ★

在 Premiere Pro 2023 中，如果音频素材的时长太长，可以用剃刀工具◆分割和删除多余的音频素材，还可以制作音频淡化效果。

图 24-31　选择"清除"命令

图 24-32　选择"链接"选项

160　为视频添加转场效果

扫码看教学视频

【效果展示】：在 Adobe Premiere Pro 2023 中，转场效果被放置在"效果"面板的"视频过渡"文件夹中，用户只需将转场效果拖入视频轨道中即可。效果展示如图 24-33 所示。

图 24-33　效果展示

为视频添加转场效果的操作方法如下。

步骤01 打开一个项目文件，如图 24-34 所示。

步骤02 ❶打开"效果"面板；❷切换至"视频过渡"选项卡，如图 24-35 所示。

步骤03 ❶在其中展开"划像"选项区；❷在下方选择"圆划像"效果，如图 24-36 所示。

步骤04 按住鼠标左键将"圆划像"效果拖曳至 V1 轨道中两个素材之间的位置，如图 24-37 所示，即可添加选择的转场效果。

图 24-34　打开一个项目文件

图 24-35　切换至"视频过渡"选项卡

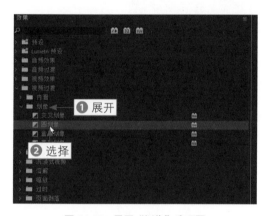

图 24-36　展开"划像"选项区

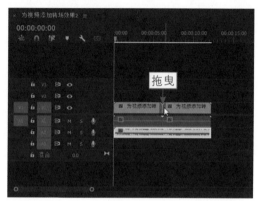

图 24-37　将"圆划像"效果拖曳至相应的位置

161　为视频添加大气音效

扫码看教学视频

【画面效果展示】：在 Adobe Premiere Pro 2023 中，用户可以为视频添加大气音效，提升视频画面的代入感，比如在打雷视频中添加开场和打雷音效。画面效果展示如图 24-38 所示。

图 24-38　画面效果展示

为视频添加大气音效的操作方法如下。

步骤01 打开一个项目文件，如图24-39所示。

步骤02 在文件夹中选择打雷音效和开场音效素材，如图24-40所示。

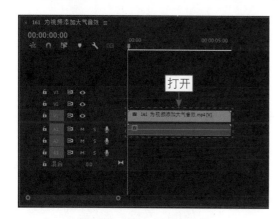

图24-39 打开一个项目文件

图24-40 选择两段音效素材

步骤03 拖曳素材至"时间线"面板中，并调整两段音效素材的位置，如图24-41所示。

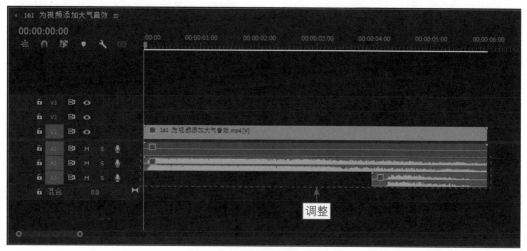

图24-41 调整两段音效素材的位置

162 为视频录制配音旁白

扫码看教学视频

【画面效果展示】：用户可以为视频录制配音旁白，再添加背景音乐，最后通过调整"调整增益值"参数，降低背景音乐的音量，突出人声。画面效果展示如图24-42所示。

图 24-42　画面效果展示

为视频录制配音旁白的操作方法如下。

步骤 01 打开一个项目文件，单击 A2 轨道上的"画外音录制"按钮🎤，如图 24-43 所示。

步骤 02 在"节目监视器"面板中弹出倒计时提示，如图 24-44 所示，之后录制人声。

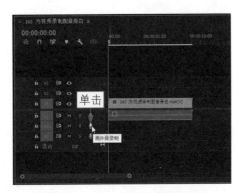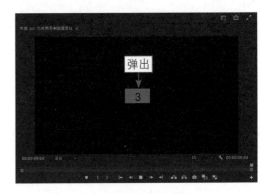

图 24-43　单击"画外音录制"按钮　　　　　　　　图 24-44　弹出倒计时提示

步骤 03 单击🎤按钮停止录制，❶ 拖曳背景音乐至 A3 轨道中，并单击鼠标右键；❷ 在弹出的快捷菜单中选择"音频增益"命令，如图 24-45 所示，弹出"音频增益"对话框。

步骤 04 ❶ 设置"调整增益值"参数为 −25dB；❷ 单击"确定"按钮，如图 24-46 所示。

图 24-45　选择"音频增益"命令　　　　　　　　图 24-46　单击"确定"按钮

附赠 1：教学视频
——26 个技巧，深入学习无人机航拍

　　因为本书的页码有限，机长有许多实战的宝贵经验没有写出来，特别是一些含金量比较高的航拍技巧。为了帮助大家学到更高阶与深层的内容，机长将平常实拍的教学视频（一共 26 个）分享给大家，大家可以下载后仔细学习，将会收获更多。

1. 如何航拍古镇夜景

2. 如何近距离航拍

3. 如何拍摄飞越镜头

4. 大疆航拍延时视频怎么拍

5. 御 3 航点飞行怎么拍

6. 航点飞行拍摄延时视频

7. 轨迹延时拍摄四季变化、建设过程

8. 机长为啥不用智能跟随

9. 如何航拍建设工地

10. 如何操控环绕航拍

11. 如何拍摄到平流雾彩霞

12. 火烧云能预测吗

13. 无人机遭遇大风怎么办

14. 无人机能在室内飞行吗

15. 建筑航拍实战教程—第 1 集

16. 建筑航拍实战教程—第 2 集

17. 建筑航拍实战教程—第 3 集

18. 建筑航拍实战教程—第 4 集

19. 爱上上海的桥

20. 航拍处理照片流程—上集

21. 航拍处理照片流程—下集

22. 大疆 vs 荔枝，航点软件用哪家

23. 畅片让航拍一键出片

24. 航点是否可以备份恢复

25. 无人机强制降落教你学会自动返航逻辑

26. 新固件让御 3 终于合体

附赠 2：危机处理

——10 大意外，无人机实时处理技巧

意外 1：无图传画面

【经典案例】：有一个飞友在飞行无人机的时候，遥控器信号突然丢失了，图传画面也变成黑白了，这该怎么办？

【经验分享】：遥控器信号丢失，会导致无法用遥控器控制飞行器的飞行。这种情况有可能是因为操作不对或设备故障引起的，也有可能是环境导致的，这个时候不要推动摇杆，首先调整好天线，使天线能完整地接收信号，如果遥控器与飞行器的连接已中断了，此时无人机会自动返航，用户只需在原地等待无人机飞回来即可。

如果是大疆机器本身的原因，导致出现了炸机的情况，大疆会免赔的。不过，用户最好在保证有信号的情况下飞行无人机，飞行器失控是非常危险的。

意外 2：指南针异常

【经典案例】：有一个飞友在飞行无人机的时候，屏幕总提示指南针异常，怎么办？

【经验分享】：出现这种情况，肯定与当时的飞行环境有直接关系，用户需要观察无人机的周围是否有铁栏杆、信号塔及高楼大厦之类的建筑，如果有的话，赶紧将无人机飞出该干扰区域，以免因为信号丢失而炸机。

意外 3：失去 GPS 信号

【经典案例】：有一个飞友在飞行无人机的时候，GPS 信号突然丢失了，这该怎么办？

【经验分享】：当遥控器画面中提示 GPS 信号弱，肯定就是当时的飞行环境对信号有干扰。当无人机的 GPS 信号丢失后，无人机会自动进入视觉定位模式，这个时候一定要保持镇定，轻微调整摇杆，以保持无人机的稳定飞行，然后尽快将无人机飞出受干扰的区域，当无人机离开干扰区域后，就会自动恢复 GPS 信号。

没有 GPS 信号对无人机来说是非常危险的，如果是在晚上，无人机避障功能也失效的情况下，那么无人机离炸机就不远了。

意外 4：返航点设定错误

【经典案例】：有一个飞友在飞行无人机的时候，没有刷新返航点，导致使用"智能返航"功能时，无人机降落的地点不对。

【经验分享】：无人机在起飞的时候，一定要等返航点刷新了，再把无人机飞到远处，否则无人机飞远了，就不能使用"智能返航"功能，让无人机飞回到起飞点。

所以，建议用户起飞无人机之后，在原地悬停一段时间等待返航点刷新。如果飞行中途需要更改返航点，可以在"安全"设置界面中，点击"更改返航点"按钮，更新返航点。

意外 5：无人机突然疯狂掉电

【经典案例】：有一个飞友冬天在飞行无人机的时候，当时电量为 38%，无人机飞出视距后，电量突然疯狂下降并马上降落。

【经验分享】：无人机在冬天起飞的时候，由于温度低，电池耗电量会比常温要大一些，所以如果用户需要在温度低于 0° 左右的环境中飞行无人机，那么起飞时先悬停预热，并时刻关注电池电量。如果飞行异常，千万不要慌张，一定要冷静处理，让无人机安全降落。

日常也需要保养电池，如果电池长期没有使用，飞行也会出现疯狂掉电的情况。因为电池在闲置的时候，也会放电。所以，建议用户在飞行无人机前，先把电池充满电，再外出飞行无人机。

意外 6：使用私改无人机

【经典案例】：有一个飞友为了让无人机飞行得更远，飞行私改的无人机，导致炸机。

【经验分享】：无人机在出厂的时候，所有的配件、参数都是设定好的，如果用户私自更改无人机的设置，会让无人机无法平衡，影响了 IMU 的重心，导致无人机失控。如果改装后的无人机炸机了，在大疆购买的保险是不会生效的。而且，改装一定要经过专业的技术人员认证，才能安全飞行。所以，建议用户不要使用私改的无人机，防止意外发生。

意外 7：飞行器电机堵塞

【经典案例】：有一个飞友在起飞无人机的时候，无人机忽然侧翻，最后发现原来是无人机的电机堵塞了。

【经验分享】：无人机在飞行的时候，全靠电机转动螺旋桨带动。下图所标注的位置，就是无人机电机的位置。如果电机忽然堵塞了，那么无人机就飞不起来，在飞行时堵塞，还会坠毁炸机。所以，在起飞之前，用户需要检查无人机的电机周围有没有异物，尤其是灰尘、泥土、杂草这种细碎物体，最容易在电机左右积聚，造成堵塞。

用户在启动无人机时，可以先不起飞，听一下无人机是否有杂音，确认无误之后再飞行无人机。起飞之后，也可以先悬停观察一会儿，查看无人机的飞行状态。如果发现无人机的电机有问题，那么应该减速和降落无人机。

电机具有磁性，也不要让无人机在有金属杂屑的环境中飞行，并要及时清理电机。

意外 8：在空中遇到鸟类周旋

【经典案例】：有一个朋友在海边飞行无人机的时候，突然有一群海鸥飞过来了，围着无人机打转，这个朋友赶紧将无人机降落下来了，好在有惊无险。

【经验分享】：当我们在飞行无人机的时候，经常会遇到一些低空飞行的鸟类，这个时候千万不要慌张，这些鸟类不敢接近无人机的螺旋桨，我们需要马上冷静，慢慢地将无人机往高空飞，这样鸟类就不会再追随了。

如果有鸟类攻击无人机，用户也可以加快无人机的飞行速度，让无人机尽快离开该领域。

意外 9：无人机炸机了，怎么办

【经典案例】：有一个飞友的无人机因为撞到树枝，直接掉下来炸机了，这时该怎么办呢？

【经验分享】：大疆的无人机，自购买之日开始，有一年时间的 DJI Care 随心换保险有效期，这一年内如果出现炸机的情况，用户可以拿着摔坏的无人机找大疆重新换新机，但如果用户的无人机掉进水里了，捞不着无人机的"尸体"了，那就无法换新机，因为大疆换新机的标准是以旧换新。

一年的保险过期后，用户也不能找大疆免费换新机了；如果无人机出现故障导致了炸机的情况，用户也需要支付一定的维修费用。对于新手来说，不建议在水面、无人区、丛林等环境中飞行，因为这些地方很难寻回坠毁的无人机，等于用户需要再重新购买一台新机。

意外 10：如何找回飞丢的无人机

【经典案例】：一位飞友在飞行无人机的过程中，无人机突然没有了 GPS 信号，无人机与遥控器的连接也断开了，最后无人机没有自己飞回来，这个时候该怎么找回飞丢的无人机呢？

【经验分享】：如果用户不知道无人机失联在哪个位置，此时可以用手机打大疆官方的客服电话，通过客服的帮助寻回无人机。除了寻求客服的帮忙，我们还可以在 DJI Fly App 的"安全"设置界面中，选择"找飞机"选项，进入相应的地图界面之后，用户可以放大地图，可以查看飞行器最后降落的位置和失联坐标，等自己靠近了飞行器的位置，可以试着选择"启动闪灯鸣叫"选项。